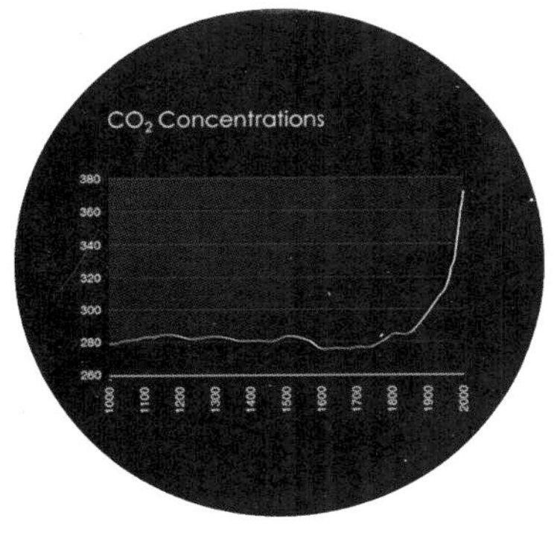

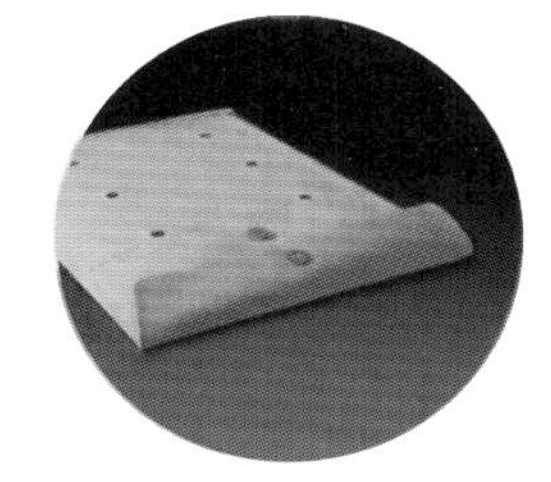

Knowledge & Aesthetics of Slides

PPT设计之道

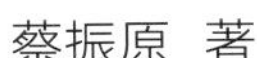

蔡振原 著

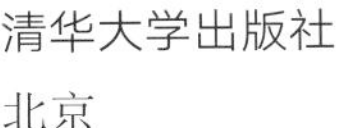

清华大学出版社
北京

内容简介

本书由演示中“设计师”这一角色的职能切入和展开，从基本原则、排版布局、色彩运用、文本相关、形状与图表、图片运用等方面介绍如何合适地在幻灯片中呈现各种信息并传达给观众和阅读者。书中一并讲了演示稿与梳理稿的区别以及处理的方法，其实两者更多的是用途的不一致，处理方法仍然有很多相同之处。这本书适合那些需要使用演示软件，对基本功能比较熟悉，却又总是做不好幻灯片的读者阅读。希望每一位读者能理解并合理运用书中一些好的理念、原则和方法，从而做出更好的幻灯片。

图书在版编目（CIP）数据

PPT设计之道/蔡振原著. —北京：清华大学出版社，2017（2023.12重印）
ISBN 978-7-302-46728-1

Ⅰ. ①P… Ⅱ. ①蔡… Ⅲ. ①图形软件 Ⅳ. ①TP391.41

中国版本图书馆CIP数据核字(2017)第048715号

责任编辑：贾 斌 李 晔
封面设计：蔡振原
责任校对：梁 毅
责任印制：沈 露

出版发行：清华大学出版社
网 址：https://www.tup.com.cn，https://www.wqxuetang.com
地 址：北京清华大学学研大厦A座 **邮 编**：100084
社 总 机：010-83470000 **邮 购**：010-62786544
投稿与读者服务：010-62776969，c-service@tup.tsinghua.edu.cn
质量反馈：010-62772015，zhiliang@tup.tsinghua.edu.cn
课件下载：https://www.tup.com.cn，010-83470236
印 装 者：小森印刷（北京）有限公司
经 销：全国新华书店
开 本：210mm×180mm **印 张**：9.25 **字 数**：299千字
版 次：2017年6月第1版 **印 次**：2023年12月第7次印刷
印 数：11801~12300
定 价：59.80元

产品编号：070701-01

推荐语

为什么我们看了很多 PPT 的相关书籍，参加了不少 PPT 的专业培训，做了无数的 PPT，别人还是觉得我们的 PPT 做得不够好？因为我们以往仅仅是把 PPT 当做一个工具，只是聚焦于技巧的学习，现在是时候该改变些什么了。《PPT 设计之道》这本书能帮助你实现从思维模式、设计与制作原则到技巧的全面提升，从而制作出更棒的 PPT。

陈魁，锐普 PPT、演界网和 PPT 研究院创始人
著有《PPT 演义》《PPT 动画传奇》《90 后 PPT》等

在扮演演示中“设计师”角色的时候，PPT 便与平面设计紧密联系在了一起。将平面设计中的相关知识引入到我们的 PPT 设计与制作，会不会创造出简单有效的原则与方法？希望你能在这本《 PPT 设计之道》中找到想要的答案。

秋叶大叔 张志，幻方秋叶 PPT 创始人
著有《和秋叶一起学 PPT》及其他书籍逾 10 本

推荐语

书中一开始对一场演示中三个角色的探讨就带给了我全新的思考。好的幻灯片首先应该是能让人看得懂的，接着是能打动人的。而如何打动人，离不开逻辑的串联、亮点环节的设置、情绪的酝酿以及 PPT 的视觉呈现。《 PPT 设计之道》这本书主题非常明确，由“设计师”切入并帮助读者简单有效地扮演好这一角色。

冯注龙，向天歌演示创始人
幻灯片制作与呈现培训师

读了一堆书，看了大量教程，熟悉了无数技能与套路，却依然做不出优秀的幻灯片，为什么？同学，你缺的不是技巧，而是美感。在演示中，所谓美，无须惊世骇俗，只求恰到好处，如何拿捏？让蔡振原手把手教你，用幻灯片创造美。

Simon_阿文
90 后 PPT 超级玩家，《我懂个 P》作者

推荐语

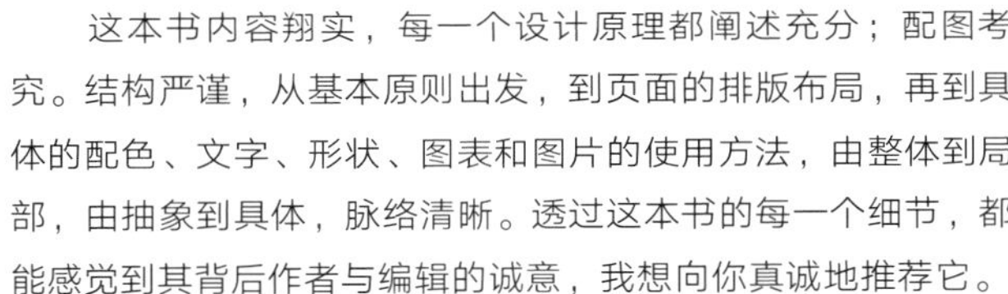

这本书内容翔实，每一个设计原理都阐述充分；配图考究。结构严谨，从基本原则出发，到页面的排版布局，再到具体的配色、文字、形状、图表和图片的使用方法，由整体到局部，由抽象到具体，脉络清晰。透过这本书的每一个细节，都能感觉到其背后作者与编辑的诚意，我想向你真诚地推荐它。

曹将，著有《PPT 炼成记》
在微博、微信、知乎等平台都享有非常高的关注度

读完样稿，有些震撼，如果不是“小蔡”找我，差点以为是某位国外设计师所写。书的内容到了“技”与“道”中“道”的层次，而 PPT 本身也是如此，所有外在设计里都需有强大逻辑支撑，相信你认真看完这本书后会在幻灯片内容组织以及视觉处理上都有不少收获！一个字——赞！

大梦，演界网演示设计师，锐普 PPT 杀手训练营助教
PPT 达人，简书推荐作者，知乎点赞 10W⁺

推荐语

无论是对于普通白领还是对于大学生来说，演示软件都是必备的办公软件之一，而谁不希望自己的展示更专业更美观呢？不过“美”并不容易——它的背后有许多你不曾在意的细节：辅助排版的网格、字体衬线的有无、舞台的布光与背景颜色的选择等等。如果你相信美可以是一种生产力，并且愿意付出额外的时间和精力去潜心雕琢，这本《PPT 设计之道》将帮助你做出视觉呈现更加专业的幻灯片。

诺壹乔，独立演示培训师

振原是一个才华横溢的 95 后，他对幻灯片有着自己独到的理解，书写得非常真诚，没有赘余的配图案例，以精练的文字描述自己对幻灯片的理解，一些细节更是独具匠心。书中的很多举例都是有主题的，比如“决定伟大水平和一般水平的关键因素，既不是天赋，也不是经验，而是刻意练习”，的确如此，要熟练掌握幻灯片的制作，必须花大量的时间来刻意练习，推荐读者阅读并践行书中的原则与方法。

布衣公子

前言

从阿尔·戈尔的《难以忽视的真相》到柴静的《穹顶之下》，从乔布斯的发布会到“PPT 造车”①，从成千上万人观看的 TED 演讲到一个会议室的报告或者一个小教室的 Pre……做演示几乎成了很多人需要掌握的一项基本技能，然而很多人跟演示很疏远，因为演示文稿的制作就是一个让人很头疼的问题。虽然 PowerPoint 有几个亿的用户，每年有上亿个演示文稿被制作出来（此处还没有考虑 Keynote 等其他演示工具制作的演示文稿），但其中的大多数都是“视觉垃圾”，让人看到演示文稿后却没什么兴趣了。

Alexei Kapterev 提到过这样一个观点：当我们在用幻灯片进行演示时，我们将同时扮演着三个角色：编剧、设计师和演员，一场优秀的演示离不开三者的协同。的确如此，扮演好“编剧”这个角色首先需要有一定积累，可能是在某一个专业方面，也可能是有很多的信息可以输出等等，然后需要严谨构思演示的流程与各个细节。比如 TED 的 18 分钟，假设演讲符合“WWH”结构，那么还需要考虑是否以故事形式导入，如何表达更合理清楚，如何给观众带来“原来是这样”的惊喜或惊讶，在哪个节点嵌入幽默元素来避免观众产生焦虑情绪等等问题，这大致就是“编剧”的职责。

至于“演员”这个角色，这个比较好理解，就是在“舞台”上将准备好的一切（包括“编剧”构思好的流程、细节和“设计师”精心准备的演示文稿）发挥出来。如果“编剧”和“设计师”的角色扮演得比较好，能减少“演员”的心理负担，有利于其发挥。

---

① PPT 造车，这是一个调侃说法，对应的发布会演示也是一个反例，因为整场演示中只有“设计师”的角色 work 了，也就是说，幻灯片的处理比较好，但是有一种“空谈情怀”的味道，给人感觉不靠谱，因而被称为“PPT 造车”。

前言

而“设计师”这个角色是大家熟悉而又陌生的，熟悉是因为生活处处离不开设计，陌生是因为很多人并不怎么了解设计，甚至存在一些误解，生活中关于“设计师”的调侃也很多。只要你使用演示软件来制作演示文稿，不管你是否愿意，你都不可避免地要扮演“设计师”这个角色，其职能也是非常重要的。

简单地说，演示中“设计师”的职能就是配合好“演员”并将“编剧”安排好的构思、内容甚至情感等因素合适地呈现在幻灯片上并传达给观众和阅读者（需要注意的是，三个角色有时候是不同人或团队进行分工合作的，也有时候是一个人同时扮演两个或三个角色的）。其中最重要的一个词是“合适”，合适一词包含了太多的内容，它不等同于“漂亮”。书中也经常使用“合适”或“更合适”这样的字眼，而很少说“更漂亮”。整本书的内容也是在帮助读者学会用“合适”的方法来制作幻灯片。

最后，非常感谢出版社、编辑以及其他工作人员为出版这本书而做出的努力，并允许我高度参与到本书的各个环节中，包括开本确定、封面设计、版式设计、纸张选择、装订方式等等，最终为读者呈现出这本非常注重细节的，有诚意的实用性书籍。还要感谢魁哥、秋叶大叔、注龙哥、阿文、曹将、大梦、诺壹乔、布衣公子能为这本书用心地撰写推荐语，谢谢你们！

蔡振原　2017 年 1 月

关于本书

本书由演示中“设计师”这一角色的职能切入和展开，从基本原则、排版布局、色彩运用、文本相关、形状与图表、图片运用等方面介绍如何合适地在幻灯片中呈现各种信息并传达给观众和阅读者。书中一并讲了演示稿与梳理稿的区别以及处理的方法，其实两者更多的是用途的不一致，处理方法仍然有很多相同之处。

这本书是按照实用性书籍来设计的，但它与其他的计算机技术类书籍是完全不同的。这本书基本没有讲操作性的截图，不过书中一些涉及操作较难的点基本上会有一些文字性的解释。我认为将截图堆满书籍比较浪费纸张，再者就是目前的两款比较常用的主流演示软件，PowerPoint 与 Keynote 的操作都算比较简单的，况且网络上有非常多的视频和教程资源。如果你觉得搜索花费的时间成本太高，但对演示软件的操作又完全不会，也可以找一本介绍操作的书籍看一看，注意对应的软件版本不要太低，不过也要考虑到高版本的软件对硬件的要求会高一点。

这本书适合那些需要使用演示软件，对基本功能比较熟悉，却又总是做不好幻灯片的读者阅读。希望每一位读者能理解并合理运用书中一些好的理念、原则和方法，从而做出更好的幻灯片。

目录

目录

第 3 章　幻灯片中的色彩

第 4 章　幻灯片中的文本框

第 5 章 幻灯片中的形状与图表

目录

1 幻灯片制作基本原则

优先级的原则

优先级的运用很广泛，就幻灯片而言，主要是内容上的优先级和制作理念上的优先级。内容上的优先级是指你希望通过幻灯片传递给他人的信息本身的重要程度，也就是信息之间的层级关系，这个很好理解。而这里想强调的优先级是我们在用合适的方法将信息呈现在演示文稿上时，要考虑的一些优先级原则。

1. 可识别性优先：普遍性看不清（比如字号太小、文本的颜色与背景接近等），幻灯片靠下部分被挡住（解决办法很简单，将幻灯片下面被挡住部分用黑色色块遮掉，这样遮掉的部分通过投影仪投影时是没有光的，内容安排在未遮挡区域即可），看起来眼睛感觉很吃力（比如大面积使用纯色，再比如背景色 RGB 为 0 0 255，前景文本色 RGB 为 255 0 0，这样对眼睛造成的压力真的很大）……谁的责任？毫无疑问是幻灯片制作者的责任。幻灯片最基本的功能就是传达制作者希望传达的信息，如果连可识别性都满足不了要求，无疑是失败的幻灯片。

2. 易接受性优先：幻灯片针对的对象不同，会影响幻灯片内容的呈现形式。你不能用数理课程课件的呈现形式去做一场科技产品发布会。比如展现产品不易摔坏，列一堆方程求解临界高度还是录一个摔机实验的视频，这是完全不同的。在大多数情况下，幻灯片需要的是直观、简单、易懂。很多人将幻灯片上堆满枯燥的文字，然后念一个并没有什么人愿意听的老套的故事，这是不妥的。引入一个有意思的故事往往只需要一两张图片和几个关键词就够了。

3. 幻灯片本身的用途与性质优先：有些幻灯片可能不是用于投影和展示，比如给领导递交一个工作报告或者给老师提交一份课程总结。这时候的幻灯片是一个不用于演示的文稿，这种情况下主要是演示软件在扮演排版工具的角色。幻灯片本身的用途会影响上面信息量的取舍，像上述情况，幻灯片上的信息量和布局都会发生很大的变化。所以制作之前一定要清楚，这个文稿是更多地用于辅助演示，还是更多地用于阅读和浏览，它本身的用途到底是什么。

4. 重要程度与投入的权衡：幻灯片的重要程度决定了投入的时间和美观的程度，比如大型的公司产品发布会就有专业设计团队提供效果图，渲染视频，有针对性拍摄的照片和精细的后期修图等等。也许你一开始感觉不到这些投入，但它确实存在，很多重要场合的幻灯片也许看起来很简约，但它其实是很精致的。对于个人来说，情况就不一样了，比如答辩可能不需要效果图和渲染视频。只需要依据一些简单的原则，使用合适的方法让幻灯片直观明晰即可，不至于因为幻灯片而影响到评委的判断，其投入也小了很多。

5. 换位思考优先：无论是演示稿还是阅读稿（或者叫梳理稿）都是用来输出信息给观众和阅读者，而每个人的审美会有不同，所以幻灯片也需要站在阅读者或观众的角度来处理视觉效果。除了审美之外，其实之前的可识别性，易接受性都是从观众和阅读者的角度来切入。幻灯片不是制作者单方面的产物，它还会受很多因素的影响，这也是幻灯片需要“设计”的原因。

6. 构思和内容优先：本书的重点不是内容和逻辑，内容和逻辑与制作者的知识见解、思维方式和思维缜密程度紧密相关。但仍然要指出这点，我们在制作幻灯片之前的思路一定是经过严谨构思的，可以是晚上躺在床上构思，可以是如厕时构思，可以用纸和笔演绎推理，当整个演示文稿的架构已经清晰明了之后，我们才会借助一些演示软件（比较常用的有微软公司的 PowerPoint 和苹果公司的 Keynote）将这些构思中需要提取的信息呈现在幻灯片上，辅助提升演讲和展示的说服力（参见 TED 演讲《贫穷的真正根源》和纪录片《难以忽视的真相》，体会幻灯片在演讲中呈现信息方式相对于仅凭解说的优势以及解说相比于幻灯片的优势）。

7. 制作幻灯片的必要性：幻灯片对于呈现数据、图形图像等等信息有着巨大优势，但幻灯片并不是万能的。我们不会看到奥巴马完成公众演讲还顺带做个幻灯片，这根本用不着，还给人很怪的感觉。另一个例子，乔布斯说道："我很不喜欢人们用那些幻灯片讲事情，他们宁愿用一个 PPT 去解释问题，也不愿意直接用嘴阐述他们的想法。"其实这并不是在否定幻灯片的作用，事实上苹果公司还专门为乔布斯开发了 Keynote 这款优秀的演示软件，后来成为了很多大型演讲上使用的演示软件，我们拆解下 keynote 这个词——"key note"，这其实就是乔布斯对演示软件的核心诠释。乔布斯在苹果产品发布会上的很多借助幻灯片演示的片段都堪称经典，很好地将幻灯片的优势和语言交流的优势结合到了一起，因而我们必须很清楚幻灯片的优势并考虑其必要性。

把握好优先级是非常重要的。有时候，理念和方向错了，可能会满盘皆输。这本书的核心在于如何借助演示文稿使用合适的方法来呈现你想要传达的信息，也就是形式和视觉上的处理。但这样容易给大家带来误导，以为完成一个漂亮一点的演示文稿就行，所以在有相关任务的时候，很多人习惯性地就直接打开演示软件，然后找所谓的灵感和素材。这种做法是不合适的，最后完成的演示文稿容易出现存在逻辑漏洞，内容空洞等问题。

内容和形式应该是统一的。演示文稿的内容在很大程度上影响了形式，而形式也要服务于内容。在演示文稿的完成过程中，文稿信息的整理研究与文稿排版制作存在一定的先后与主次关系。比如图1.1 所示的这份报告，相比前期的数据收集整理研究分析，报告的排版制作只能算非常小的工作量，主要是要保证内容和形式上信息的清晰与严谨。这种文稿的形式比较适合逻辑性较强，内容比较多的演示文稿参考，对演示软件操作的要求其实比较简单。

这种演示文稿的排版制作，其实就是按照扁平的思路，运用基本的构图，使用网格系统规整版面，用色彩构建对比……而这种演示文稿前期的数据收集整理和研究分析需要更专业的人员和团队来完成。演示文稿的重要程度会决定其投入程度，投入的成本更偏向于视觉感受还是专业性内容，这仍然与其本身的用途相关。比如带有商业包装和推广性质的大型演示更注重美观和噱头，而专业性和知识性更强一点的演示文稿更注重内容和展现清晰的逻辑。

知识性更强一点的演示文稿举例

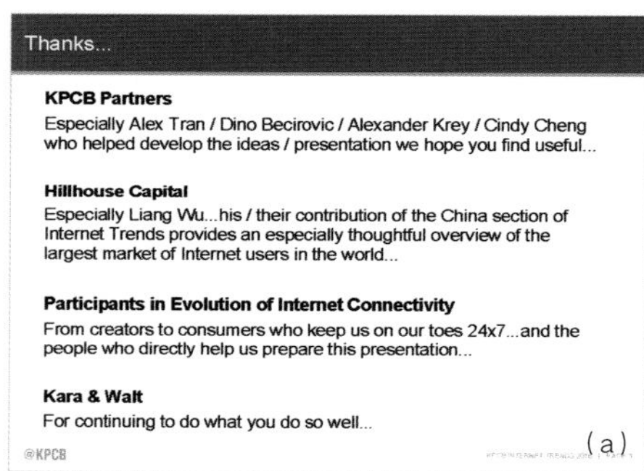

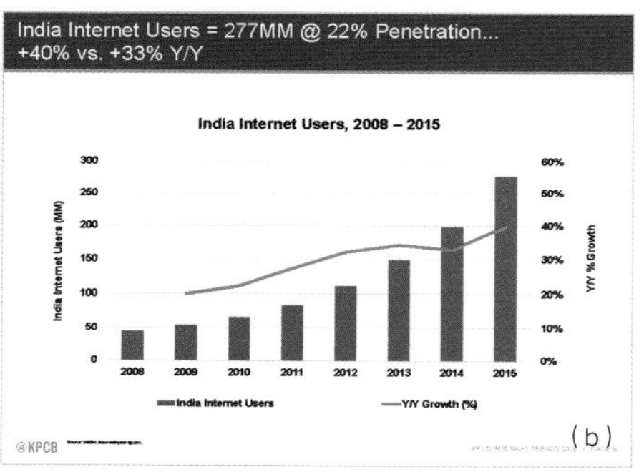

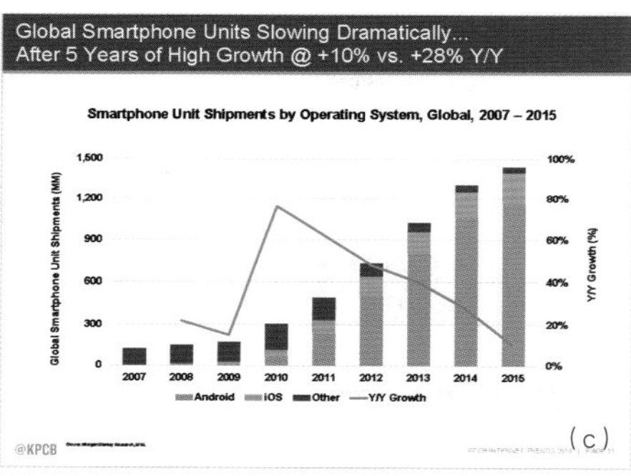

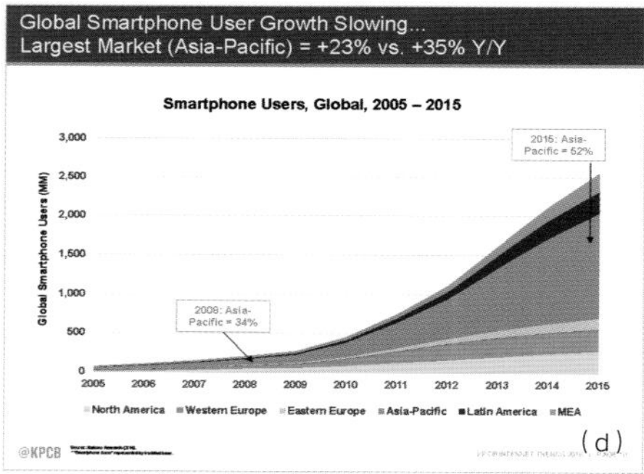

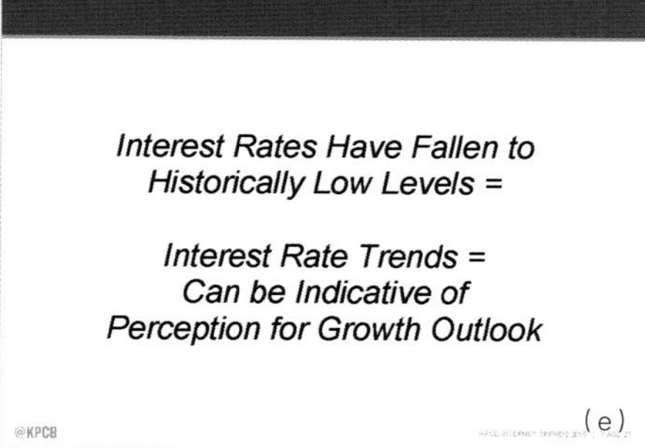

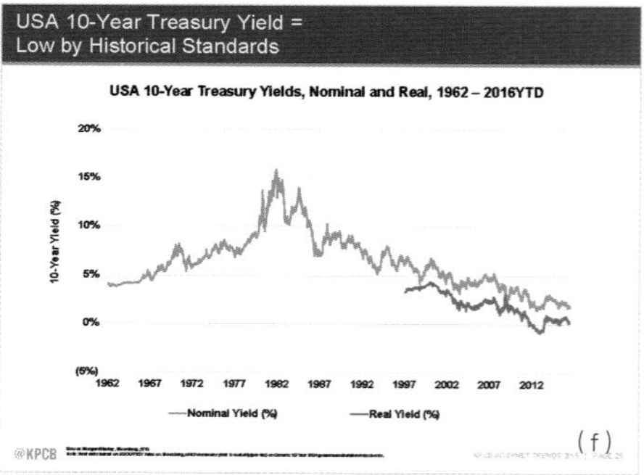

图 1.1

① 图 1.1 摘自 *2016 Internet Trends*，网址为 kpcb.com/Internet Trends，后续仍然会提到；

② 图 1.1 中所示幻灯片也不完全是知识性的，主要在于它们相比一般的演示稿，有更多的信息量和分析研究部分。

商业演示幻灯片举例（见图 1.2）

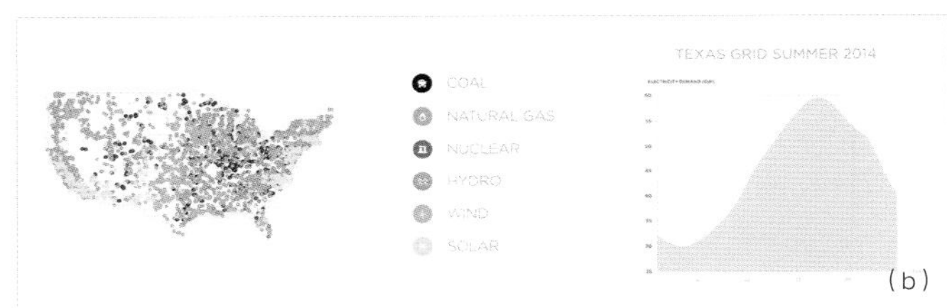

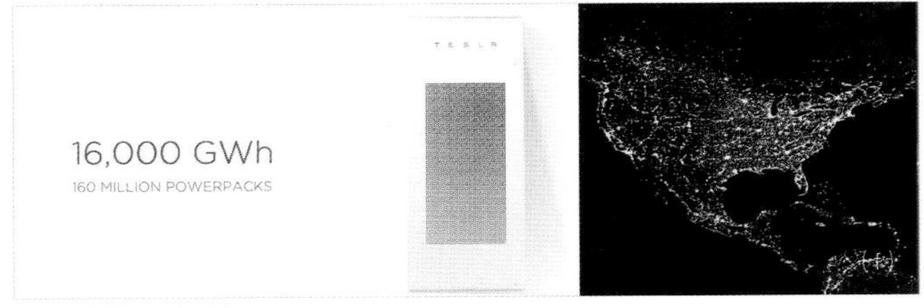

图 1.2

① 图 1.2 来源于 Elon Musk 发布 Powerwall 所用幻灯片截图；

单纯与齐一

在很多人看来：设计就是弄个海报什么的，很多人初次接触幻灯片时会潜意识地往“复杂”的方向走，结果往往是每多知道一个新的样式（比如阴影、渐变等等）对于鼠标操控下的幻灯片来说都是多一点灾难，最后完成的幻灯片简直可以用丑到令人发指来形容。当然，根本没意识到幻灯片需要“刻意处理”的话，会直接做成一个不伦不类的文档。须知海报与幻灯片的差别是巨大的，绝大多数情况下，制作时间、工具、复杂程度和对能力的要求都不同，在视觉呈现上也有很大的区别，见图 1.3 与 图 1.4。

在日常生活中，几乎所有整理和收纳的过程都是将物件变得整齐和有序的过程，比如衣柜、桌面、书架、商场里的货架等等，包括购物网站也是将出售物品按照一定顺序整齐排列来供顾客挑选。单纯与齐一也是我们在制作幻灯片时需要优先考虑的。即便是在大型发布会中，仍然是如此处理。单纯齐一形成的秩序感对于人们接收信息是有极大的帮助的，它是理性的，具有逻辑的。“秩序是真正的生命之匙。对秩序的探寻，使得人类与其他物种区别开来，通过秩序来统治混乱的欲望反映了人类的深层次精神追求。”

图 1.3

图 1.4

思考：为什么图 1.5 所示幻灯片不用六个色块来表示？

虽然效果图（借助其他软件绘制，有光影变化）投入的时间更多，但是对于一个产品而言，效果图是最直观的表现形式。而且效果图能体现出单一色块没有的质感，因而在商业包装性质的大型演示中会经常使用设计团队精心渲染的效果图，以达到更直观精致的视觉效果（图 1.5 来源于苹果发布会幻灯片截图）。

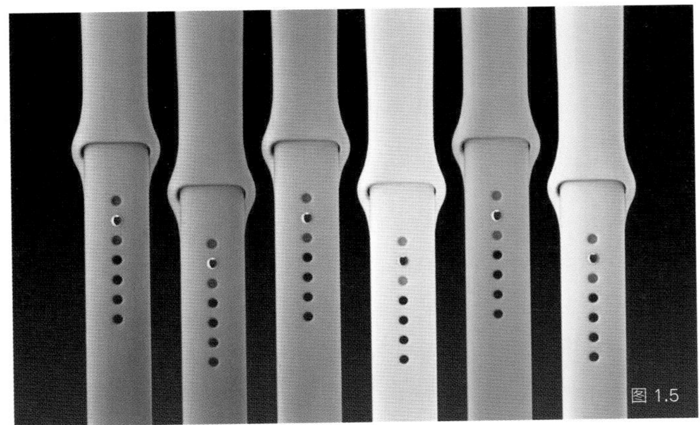
图 1.5

思考：为什么图 1.6 所示幻灯片的图标加了一个外框？

四个图标形态各异，为了增强其一致性，加上了同样的圆形线框。这和 iOS 系统中将图标都限制在一个统一大小形状的圆角矩形（实际上不是严格的圆角）中是一个道理，都是通过一定的规范来构建秩序感。这个圆形线框也可以是圆环或者其他利于建立秩序的辅助元素（图 1.6 来源于小米发布会幻灯片）。

图 1.6

对比与调和

对比这个词汇对我们来说是再熟悉不过啦！诗歌中有以乐景衬哀情，试验中有对照组，连衣店也会在一件衣服旁放一件质量相比更差但是定价更高的衣服来坚定客户的购买心理，包括其他各种对比效应……可以说，对比无处不在。我们能看到幻灯片上的内容，是因为前景和背景之间有差异，这种差异其实就是对比，就像“白纸黑字”中白黑能形成对比从而让我们获取文本信息。

对比是增强视觉效果的有效途径，但是只有单纯的对比却也是不够的。对比太过强烈可能会造成视觉上的不舒服（比如纯蓝作为背景和纯红作为前景的对比），而对比太弱又会看不清。所以对比往往是和调和一起出现的，调和其实可以理解为对对比的度的掌控，我们平常所说的对比往往包含了调和，它们是对立而又统一的。有些地方对对比调和的解释往往只强调其对立和矛盾的一面，我觉得这是不全面的，有对比就会有调和。

对比的目的多半是为了强调。所以，在构建对比之前，一定要清楚需要强调的是什么。想象这样的场景：宁静的夜晚，皓月当空，星辰点点，抬头望去，你会先注意到皓月，还是注意到周围的点点星辰？很明显，皓月与星辰之间构成面积对比和明度对比，突出来的是月。明确了要强调的内容，其实就是抓住了主要矛盾，在此基础上才想到用各种方法来构建对比。构建对比的方法有很多，比如面积、颜色、虚实、肌理、方向等等的对比。

对比关系直接决定了画面上信息的层级关系，以图 1.7 所示的电影《月球》的海报为例分析。海报的主体占据了海报很大一部分面积，突出的视觉效果将观众的视线牢牢地锁定在圆心处的一个孤独的克隆人身上，注意这里也是有调和的，首先圆不是实的，而是很多个同心圆环，另外圆环的颜色也不是纯白，而是有变化的灰色，这些处理都减弱了“月球”与背景的对比，不会显得太过突兀。第二层信息是电影的名称 MOON，接下来第三层信息是演员的名字 Sam Rockwell，而且名字下面有几份不同透明度的拷贝，与剧情中的克隆人相吻合，如果有兴趣，最后我们会注意电影名称上面简短的介绍，至于最底下的信息，属于基本不会有人注意的信息，所以与背景的对比关系很弱。其实这就是前面在优先级中提到的内容上的优先级，反映在形式上就是视线的移动次序，由主到次（视线移动次序在图中进行了标注）。

跟这张海报相比，幻灯片的构成相对简单，多数情况下对比的使用不会很复杂，有时甚至还很单一。以一张过渡页为例，主要是背景与前景的对比，以及次序关系的强调，来提示观众接下来将进入“操作系统”部分的演示，我给出了不同形式的对比方法，读者无须因为我提供的示例（见图 1.8 与 1.9）而局限思路。对比存在于幻灯片中的每一个元素，后面的文本，颜色等等均会涉及到对比的构建，当然也有调和（调和可能没有明确提及）。对比调和的原则旨在既有重点又和谐地呈现信息。

SAM ROCKWELL
3
1
4
250,000 MILES FROM HOME,
THE HARDEST THING TO FACE...
IS YOURSELF.
MOON
2
5
SONY PICTURES CLASSICS
WWW.MOON-MOVIE.COM WWW.SONYCLASSICS.COM
图 1.7

工业设计
操作系统
硬件配置
图 1.8

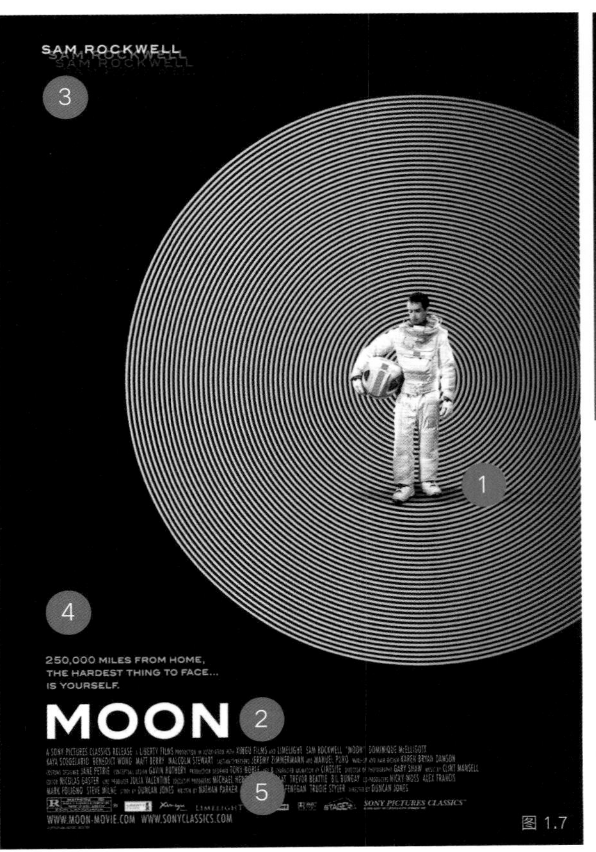

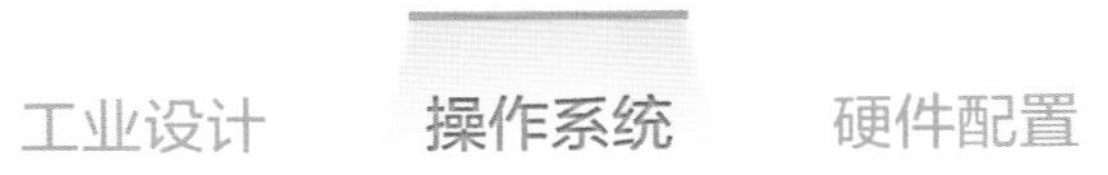

工业设计
操作系统
硬件配置
图 1.9

对称与均衡

对称让人想到故宫，均衡让人想到江南的园林。对称是均衡的特殊情况，均衡是对称的延伸。两者能让人联想到许多词语：制衡、阴阳、中庸等等。在幻灯片中，绝对对称（比如镜像）是比较少见的，但如果将一些集中元素几何化，便会发现很多情况下仍然是具有对称性的，比如图 1.8 与图 1.9 所示的两张幻灯片，将其中的文本等元素视为矩形，能看出很明显的轴对称关系。

图表和图片的引入，一致性的打破都会让对称性难以构建，这时便需要构建均衡。均衡只是一种视觉上和心理上的感受，但一些情况下这种均衡也是可以量化的，比如形心的位置就可以计算，不过还要考虑到颜色等其他信息的影响，只按照面积来计算是不够的，应该还需要加上元素与背景的“对比系数”来判断。这只是个人的一点想法，并没有具体算过，对比系数也难以唯一确定。均衡的构建更多地依据于视觉水准，而视觉水准依赖于积累起来的经验。

均衡的构建其实就是如何分配的问题，“分配物”其实就是颜色、面积、图片、文本等等元素。均衡的实现依赖于这些“分配物”的合理安排与布局。在大多数幻灯片页面的制作过程中，制作者的脑海中都要有一个天平，将需要展示的信息进行合理的分配，并对版面做出合理编排。前面电影《月球》的海报中的对比调和其实也可以用对称均衡来解释，黑白条纹的“月球”没有使用全白，这种处理在调和的同时也避免页面“重心”偏向右侧。在幻灯片中，两个主体的左右或上下均衡也是非常常见的。

对称与均衡主要体现在演示文稿页面的编排和布局上，页面的编排与布局是一张幻灯片的骨架。很多网站上的幻灯片模板最重要的一点作用是用来参考演示文稿页面的编排与布局，所以平时可以收集一些好的模板的图片格式文件供需要时参考，演示文稿页面的编排与布局将会在第 2 章进一步详细探讨。

读者注意不要混淆幻灯片中的对比调和与对称均衡。对比调和处理的是元素与元素之间，前景与背景之间的比较关系，而对称均衡处理的是元素与页面，元素与元素之间的位置关系，两者是不一样的，但比较关系往往也会影响位置关系。比如单一的画面主体，它的位置往往会布置在中轴线上，如果置于太偏的位置，就会出现使幻灯片页面出现“一边倒”的情况。在大多数幻灯片中，我们要维持整个页面的均衡，避免出现“一边倒”的情况，当然也会有一些幻灯片因为其他因素影响而并不满足对称与均衡的要求。

图 1.10 所示幻灯片是图片与文本左右均衡的构建，这种左右均衡常见于宽屏的演示稿中，比如《时间的朋友》演讲中所使用的部分幻灯片就是单一的左右均衡结构，内容同样多为一张图片和一段文本（图 1.10 所示幻灯片中的内容参考三星的一次发布会，形式有改动，这张图片在后续的图片一致性处理中也会提及）。

如图 1.11 所示的幻灯片，通过标注的数字可以很明显地看出这张幻灯片的对称均衡构建，虽然四只手表效果图角度不一，但 1 和 3，2 和 4 两两处于中心对称的位置，而且每只表大小接近，色彩和谐，整个画面是均衡和谐的。然而对于幻灯片中的文本，图表等要素，很少会出现这种情况。这张展示效果图的幻灯片是没有明确秩序性的，在一般的演示文稿中适用场合较少。想象一下，如果将企业四个季度运营的概况按照图 1.11 所示幻灯片的布局来构建对称均衡，在画面上是完全可以做到的，但这种做法不合适，因为它无法清晰地交代阅读的次序关系。

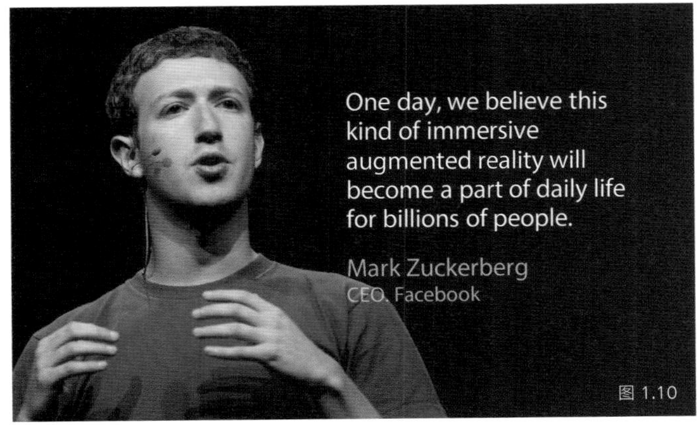

图 1.10

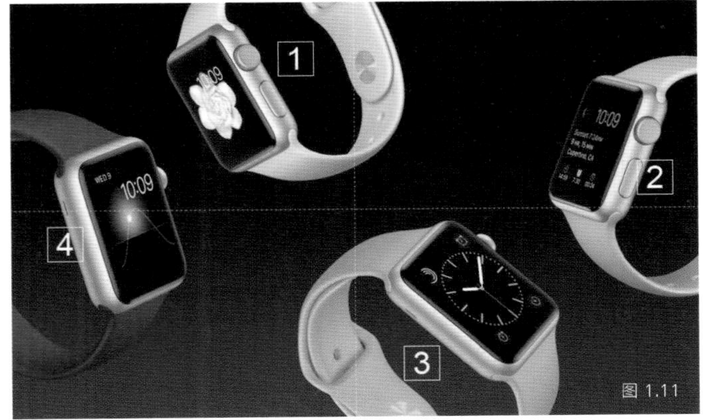

图 1.11

和谐与统一

很多幻灯片制作者可能会碰到这样一个问题——这种风格的PPT怎么做？我不太喜欢这个说法。不知道什么时候，“风格”成了滥大街的词。事实上，风格是一个格局比较高的词，风格往往意味着能够“成一家之言”。做几张幻灯片是难以称之为风格的，其实不过是对元素相同的视觉处理方法在幻灯片中多次出现，构建起来的和谐与统一。我们可以根据这一原则来形成自己的特色，比如在幻灯片中用一些习惯配色和图表样式等等，但离风格还是有很大差距的。以 Material Design 为例，我们往往只是看到了它所呈现的特点，但是在这些特点背后有着一系列的详细规范。 谷歌的官方网站给出了Material Design 60 多个网页内容的设计规范，这一系列规范才使得它的风格特点得以确立（Material Design 介绍网页地址：https://material.google.com/，需借助 VPN 访问）。

运用好和谐与统一的原则的确能凸显个人特色，和谐与统一背后的实质仍然是在构建一系列的规范。比如颜色和字体规范、几何形状样式规范、图片图表样式规范等等，到后来，这些以前的规范会演变成自己的习惯用法，能帮助你高效地完成演示文稿。多则杂，杂而乱，再加上脏和差，这样的幻灯片容易让人产生厌恶感，因而构建并遵循一定的规范，保证每一张幻灯片和整个演示文稿的和谐与统一是极为重要的。和谐统一的演示文稿能给人“一气呵成”之感，反之，如果幻灯片在形式上花样百出，很容易让人感觉逻辑上有漏洞。和谐与统一的原则要贯穿整个演示文稿，即便是分为不同的部分，也基本上只是多了一个过渡页或者转折页而已。

一个与和谐统一相关的典型例子是截图的处理。很多人喜欢将网页上的图表，网友的留言之类的东西直接截图放到幻灯片上，这种做法很简单粗暴，但不够专业。另外，还有将 word 上的内容截图粘贴到演示文稿中的做法也是不妥的，这样的话又何必要用演示文稿呢？如果无法避免使用截图，也一定要注意按照图片处理的原则对这些截图进行进一步处理，不要将其截下来直接就堆在幻灯片中，这是对观众极为不负责任的做法。

对于幻灯片中出现的元素，可调整自由度越高越好。比如用演示软件插入的图表可调整自由度大于网站上的截图，而用几何形状绘制的图表可调整自由度大于用演示软件插入的图表，所以，我制作一些简单的图表时经常就直接用几何形状绘制，复杂一点的图表就使用图表插入功能先插入图表，调整好参数通过选择性粘贴等操作转换成可独立编辑的元素，这样一来，就可以很自由地调整不同元素颜色、大小、透明度等一系列参数，并且配合一些操作上的技巧保证制作的速度。图表部分在后面也会进一步讨论，关于几个不同元素可编辑和调整的自由度比较如下：

网站、文档等的截图：是位图，放大会出现马赛克，容易产生看不清的问题，可编辑性很低；演示软件插入图表：矢量元素，可自由放大缩小，各个元素可编辑，但在属性面板中的编辑过程稍显烦琐；插入的几何形状：是矢量元素，可单个自由编辑，配合快捷键和命令栏等操作技巧可以实现快速编辑并制作图表等用途。

和谐与统一幻灯片实例（见图 1.12）

(a)

(b)

(c)

(d)

图 1.12

和谐与统一幻灯片实例

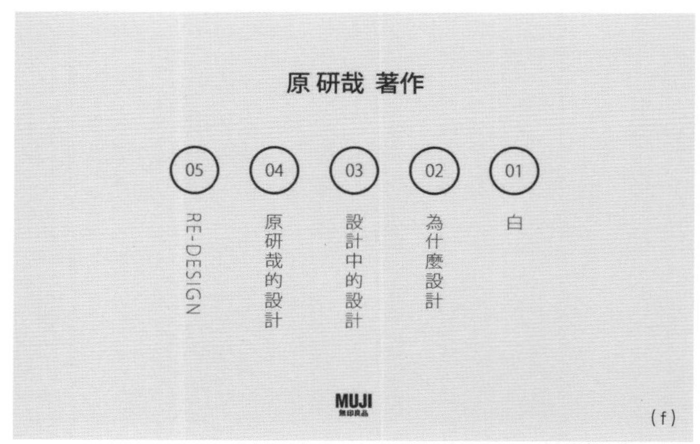

图 1.12（续）

图 1.12 中的六张幻灯片并不是一个完整的演示文稿，只是挑取了一些点将其做成的几张幻灯片用来说明和谐与统一。六张幻灯片参考了无印良品的 VI（Visual Identity，即为企业的视觉识别系统）和设计特点，统一使用日文字体，颜色选用了黑白灰和无印良品 logo 颜色，页面留白比较多，舍弃烦琐，追求简单。统一使用的字体为：Kozuka Mincho Pro B / Pr6N L / Pr6N EL / Pro B / Pro M （小塚明朝系列字体）

很多时候，我们需要去网上搜集一些数据，但在网络上找到的图表往往如图 1.13 所示的图表那样，图像的尺寸很小，放到幻灯片上很难看清具体信息，图表之间统一性很差，图表与其他幻灯片的统一性更差。基本上在制作稍微重要一点的演示文稿的时候，对于这些数据图表，都会依据和谐统一的原则在演示软件中重新制作一次，规范版式、用色、字体、线型等等要素。

我对这些图表的再处理如图 1.14 中幻灯片所示。版式比较容易确定，图表是整个版面的主体，只需要确定好“版心”即可（在第二章中会讨论幻灯片中的“版心”）。然后是统一颜色和字体规范，颜色选用的红绿（在色彩章节会有解释）。字体选用 Arial MT Std 作为图表的标题使用字体，Arial 作为其他文本使用字体 。至于文本使用英文还是中文，这主要是视演示场合和环境而定。

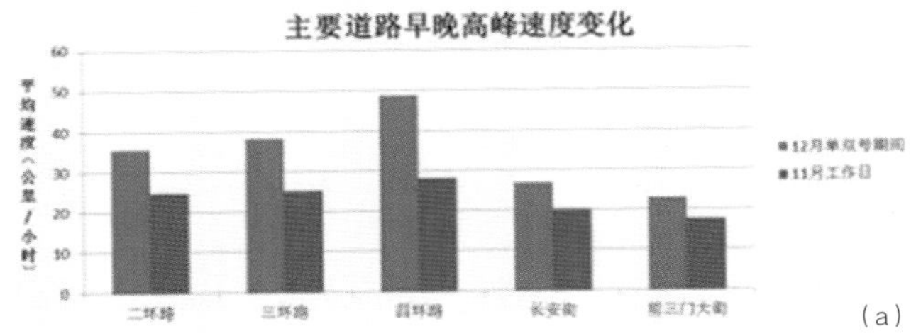

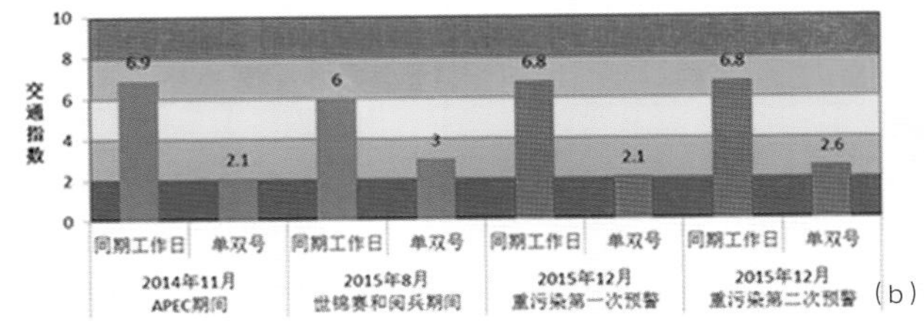

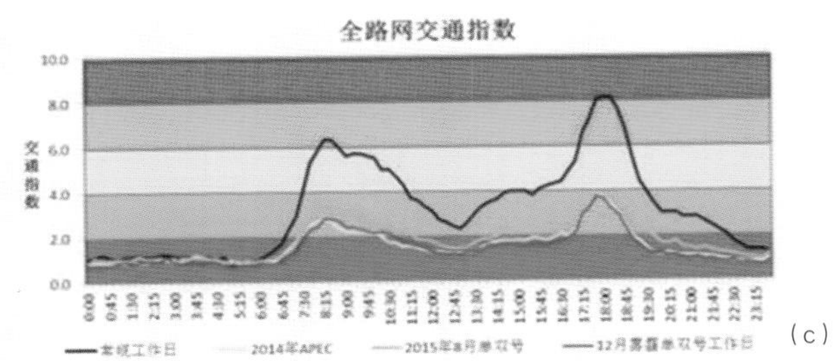

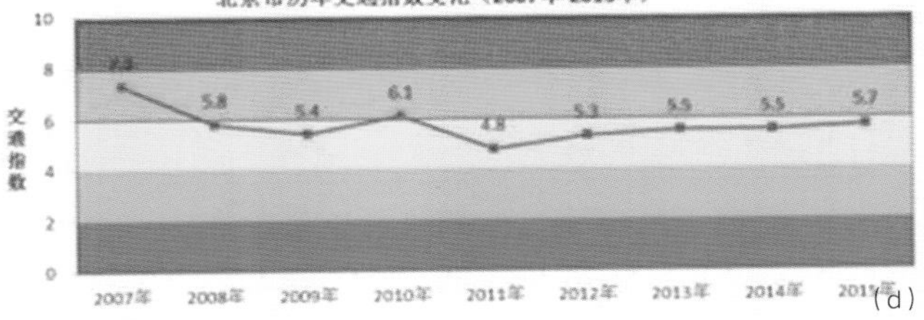

图 1.13

图表统一再处理以后的效果①

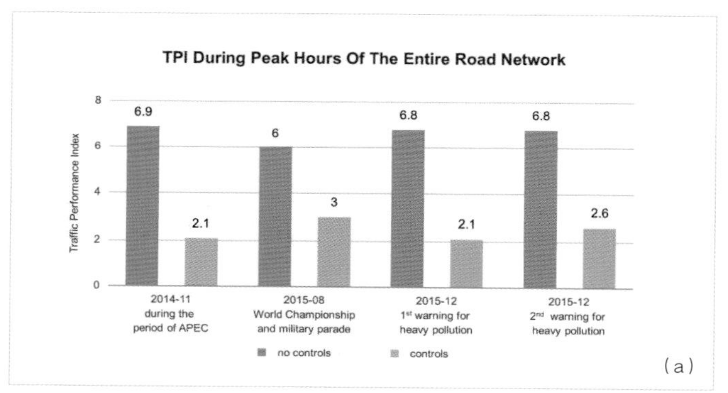

(a)

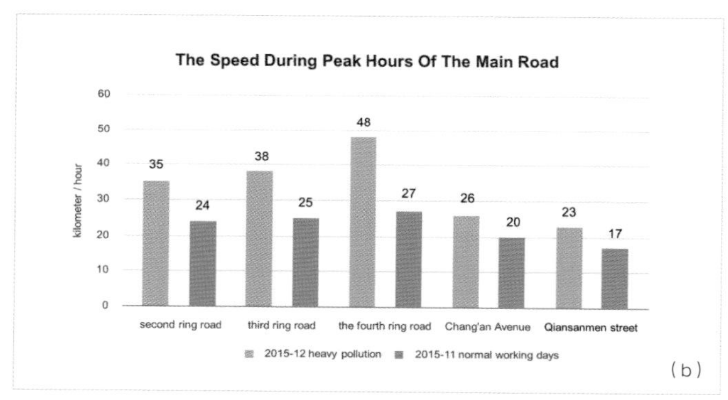

(b)

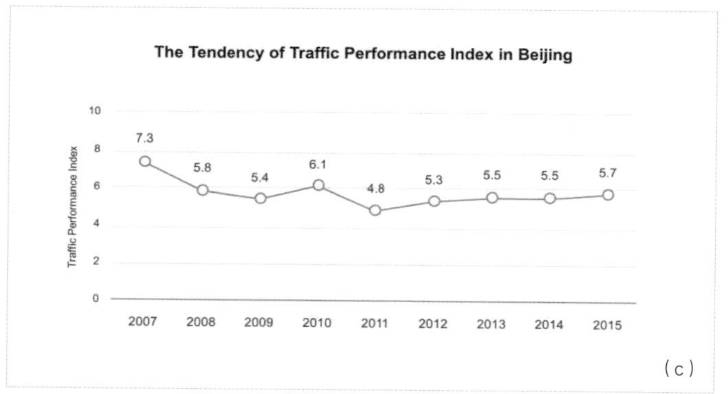

(c)

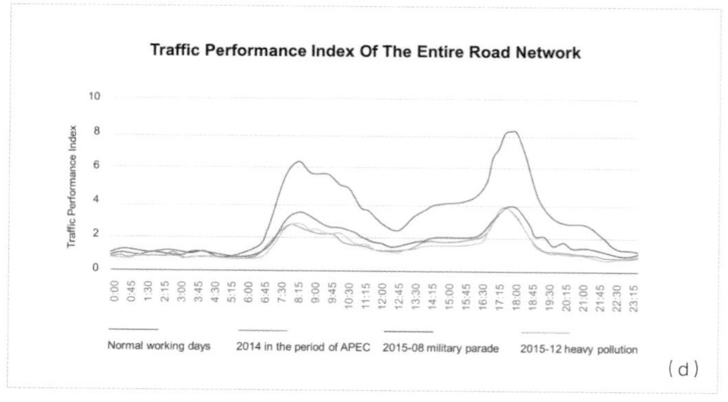

(d)

图 1.14

① 关于这些图表的制作方法，会在后续的图表章节展开，特别是最后一张曲线图的制作有一些技巧。

节奏与韵律①

单纯齐一与节奏韵律之间的关系就像书法中的楷书与草书。单纯齐一强调的是整齐和秩序，它的趋向是“不变”，但是节奏韵律的趋向是“变”，不过这种“变”也不是随意为之，草书是很讲究章法布局的，看似的肆意挥墨都是要扎根于多年的练习和经验之上的。节奏与韵律常见于艺术设计作品，幻灯片中运用相对要少，而且简单，比如渐变可以视为一种简单的节奏,单纯齐一与节奏韵律区别的示意图如下，这样应该更便于我们理解。

单纯与齐一

节奏与韵律

苹果发布会的邀请函（见图 1.15）往往都会构建节奏与韵律美，而且邀请函往往会暗含发布会的一些信息。邀请函往往也作为发布会的开场幻灯片出现。相比之下，后面出现的幻灯片的“变化”就会少很多，简洁直观，并不强调节奏与韵律美，强烈的节奏韵律美感会减少观众对幕布上信息本身的关注，并不适合高频出现。

对于幻灯片而言，节奏和韵律的运用要把控一个度。节奏与韵律这一点本身就不好掌控，用一个不恰当的比方来形容，对于一个没怎么练过书法的人来说，如果给他一张网格纸，然后按照网格规矩认真地写字，仍然能写出较为工整干净的版面，而如果你给他白纸、毛笔和墨汁，告诉他肆意而为即可，情况可想而知。

事实上，我们可以发现在很多场合下的幻灯片中，都不会见到有较多带有节奏与韵律感的元素引入。如果希望使用这些元素，建议一般情况下，可以考虑在首页幻灯片适当引入带有节奏韵律美感的元素，这些元素往往以点线面构成或者图片的形式出现，而且这些元素应当与演示主题构成联系。

---

① 一些解释中将重复视为简单的节奏，幻灯片中我们偏向于将单一形式的简单重复视为单纯与齐一范畴。

苹果新品发布会的邀请函

(a)

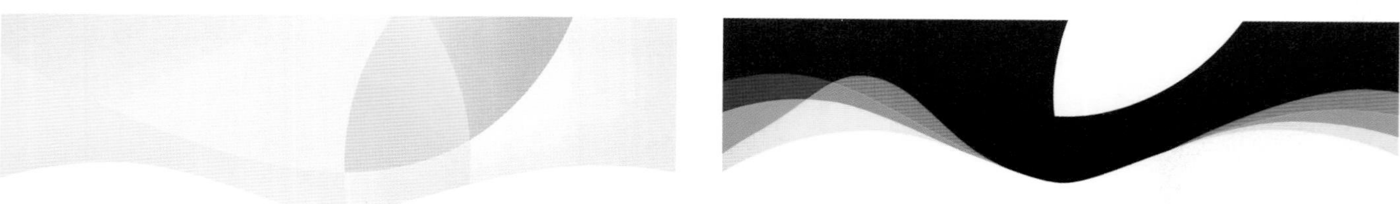

(b)

(c)

图 1.15

雅典奥运会全景图形与幻灯片

2016 年苹果春季发布会邀请函的设计（见图 1.15（b））与 2004 年雅典奥运会的全景图形设计（见图 1.16）有些相似。雅典奥运会的视觉识别系统就是基于这个全景图形来展开的，当时这个全景图形渗透到每一个角落，比如旗子、印刷物、车身喷漆、垃圾桶、广告栏等等，都是从图形中切割一块出去然后在不同区域进行排列组合式的填充，有兴趣的读者可以去网上找找当时的资料（参考网址为 www.theolympicdesign.com/），这样一个方案真的是做到了“和而不同”，也很有新意和活力。不过，这里的目的并不是建议大家去效仿，相反，我们在制作幻灯片的时候，并不推荐这种做法，仍然只需要有秩序有条理地呈现信息即可。

在制作幻灯片的时候，可以借鉴其他地方的元素，比如书籍封面、排版、海报等等，但必须要清楚的是幻灯片就是幻灯片，它并不依附于海报、网页等这些东西存在，一些好的理念和方法完全可以借鉴，比如网页设计中强调的“Do not make me think”，幻灯片也是一样，要尽可能地减少阅读者和观众的认知负担。还有扁平化呈现信息的方式，扁平化的好处在于普通人只要遵循一定的规范和原则也能做出简洁美观的演示文稿。不过也有很多东西对幻灯片来说并没有实用性，需要通过一些练习来准确判断到底哪些才是值得借鉴的。比如全景图形可以作为一个出发点，但在演示稿中并不适用，苹果发布会中的幻灯片也并没有运用邀请函中的图形。

（a）

（b）

（c）

图 1.16

尺寸与比例

选择合适尺寸与比例的重要性不输给之前提及的任何一点，甚至有人将前面的原则都归结到尺寸与比例上。举一个与尺寸比例相关的简单例子——Windows 10 中的“开始菜单”设计。在幻灯片中，多张图片的拼凑也会借鉴这种方式，但如果没有注意比例关系的话，这种形式只是停留在表面。很少有人会仔细测算这个“开始菜单”正方形边长与正方形之间间隙的尺寸比例关系，而微软在设计这个“开始菜单”的时候，一定是尝试了多种可能的，经过仔细对比后，才确定下来现在的比例关系。此处的目的不是想说这种比例就是最好的，而是强调选择合适的尺寸比例关系的重要性。尺寸与比例同样能贯彻到幻灯片上的每一个细节，比如页边距、行距、段间距、面积大小、线条粗细、圆角大小（见图 1.17 ）等等。

图 1.18 所示幻灯片形式简单，但要从全局的尺寸与比例出发才能处理好。首先需要确定页面 logo 横向与纵向的数量，此处是 8×8 = 64 个 Logo（要注意横向与纵向图标数量不等的情况计算有不同），假设幻灯片大小横向是 20cm，纵向是 12cm。然后预留间隙，如果间隙宽度和 Logo 宽度比例大致为 1：20，则横向和纵向各预留 1cm，现在幻灯片上还剩 19cm×11 cm。19：11 即为每一个 Logo 所占面积的长宽比，然后根据这个比例和单纯齐一的原则来处理 Logo。接着将尺寸大小一致的 Logo 在幻灯片中统一调整大小为 2.375cm×1.375cm，并按照网格排列。幻灯片上插入一张图片、插入多个圆角矩形等等，其尺寸比例都是要预先想一想的，是该长一些，还是该宽一些，可以先用纸和笔画一画。

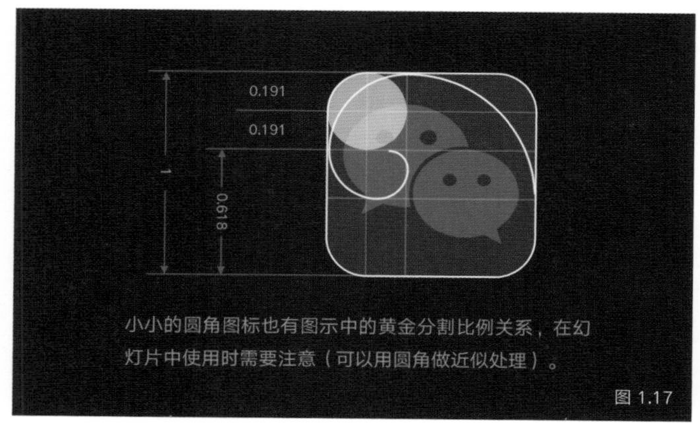

小小的圆角图标也有图示中的黄金分割比例关系，在幻灯片中使用时需要注意（可以用圆角做近似处理）。

图 1.17

图 1.18

知其所以然

幻灯片很多时候并不是我们想做成什么样就做成什么样，而是结合各方面因素，它应该是什么样。事实上，很多人做出来的幻灯片是毫无道理可言的，甚至有点看不懂为什么要这么做。不知道想要强调什么，甚至看到幻灯片就不想再听下去或者看下去。在弄清楚怎样做之前，必须要弄清楚为什么要这么做，否则怎样做这个问题的意义就减掉了一大半。我们平时观看一些演示的时候，需要思考为什么幻灯片要这样做，以及这样做合不合适，有没有更合适的做法。要知其所以然，一方面要从内容和逻辑安排来考虑幻灯片的处理，另一方面是幻灯片的呈现形式，从优先级、单纯齐一、对比调和、对称均衡、和谐统一、节奏韵律、尺寸比例等这些角度来分析。作为演示文稿制作者，这样才能看到别人注意不到的东西。

比如图 1.19 所示的两张幻灯片，（a）到（b）用了一个局部放大的动画效果，是因为在第一页中，文字很小，需要将文字放大以符合“识别性优先”的原则；用到了图片作为背景，注意到图片中的 iPad Pro 上有一个用 Apple Pencil 绘制的图画，来拟合文字信息中的相关描述。左上角区域相当于留白区域，没有其他元素干扰，文本布置于此能清晰可见（这个留白区域可能是拍照时预先考虑好的）。文本分为两部分：第一部分是引用的评价，是要强调的重点；第二部分比第一部分文本字号小，而且透明度高，属于次要信息。两部分之间的间距大于行距，用以区分两部分属于不同类别信息，这两部分文本之间的间距可以理解为“段间距”，这些概念和应用在第 4 章会作详细讨论。

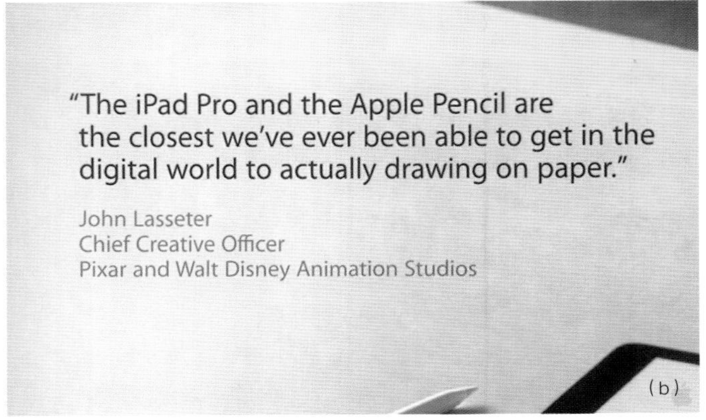

图 1.19

图 1.20 所示幻灯片仍然是苹果产品发布会上的一张幻灯片截图，与图 1.21 所示幻灯片（柴静演讲《穹顶之下》中展现 2014 年一整年的北京用的幻灯片）在形式上非常类似。前者背景是很多个应用的图标，后者背景是一年中北京的每日照片，两张幻灯片都是先根据单纯齐一的原则排列图标和图片，构建起信息的秩序。然后根据对比与调和的原则，在前景用了一个半透明的深色色块，再加上了文本作为幻灯片要强调的重点信息，没有透明色块会使文本辨识度下降，透明色块的作用原理其实就是减弱了图像的颜色对比信息，从而弱化背景对前景的影响，符合可识别性优先原则。

再深入思考两张幻灯片的制作过程，就要考虑图标和图片应该如何排列，每一个图标和每一张图片尺寸控制在什么程度合适，有必要的话还需要进行计算。前者要展现的是 APP 数量比较多，因而图标会比较小，让画面显得密集来暗示 APP 数量之多，而后者是 365 张图片对应 365 天，要将这些图片布满幻灯片，需要根据之前尺寸与比例中的举例来计算。包括前景文本的大小、颜色等等都需要非常理性地思考来选择合适的展现方式。比如第二张幻灯片前景文本的玫红色贯穿了整个纪录片的演示文稿，它主要在一些代表消极、警示的元素中出现，符合和谐统一的原则。

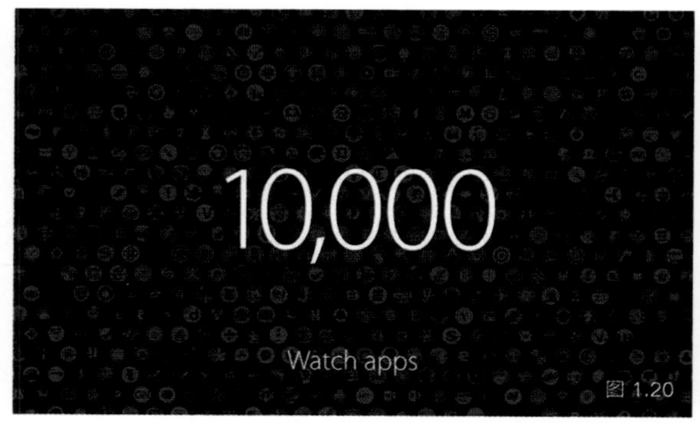

图 1.20

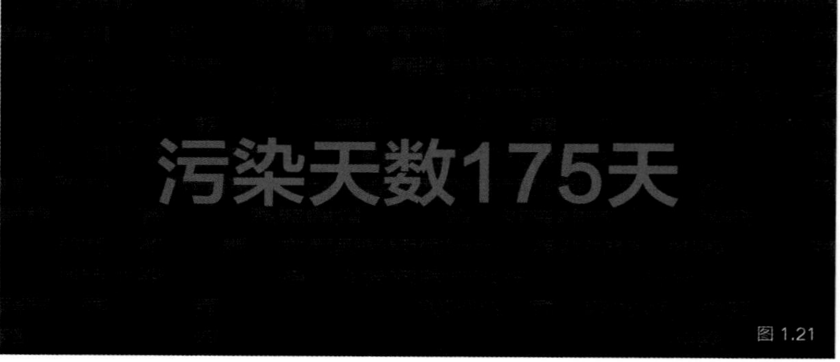

图 1.21

图 1.22 所示幻灯片参考罗振宇跨年演讲还原制作。强调的信息很明确——2015 年，发生了太多的事。这张幻灯片的文本字数很多，一般情况下用于演示的幻灯片不超百字，但这么多文字放在这里却又是合适的，这种展现形式也是制作者故意为之的。幻灯片上类似“文字云”的处理隐约地给出了很多的事件，观众每看到一项就会回忆 2015 年发生的一件事情，掠过几眼，观众的思绪就被这张幻灯片带到已经过去的 2015 年。

这非常契合演讲的主题——时间的朋友，但这种“文字云”的处理不要乱用。要完成这样一张幻灯片是挺麻烦的，有很多文本框的样式需要调整，主要是字体的大小和透明度，需要足够的耐心和时间，感兴趣的读者可以尝试。完整地做出这张幻灯片需要严格注意对比与调和、对称与均衡以及尺寸与比例等等，比如“上海外滩踩踏”要比“花儿与少年”重要，画面要稍显拥挤来对应“太多的事”，但又不能影响可识别性等等（字体为方正兰亭纤黑）。

图 1.22

图 1.23 所示两张幻灯片中有一张来自苹果发布会，那么是哪张呢？首先找到两个表格之间的区别在哪里，区别很简单，图 1.23（b）表格的线条透明度比图 1.23（a）要低，现在仔细看两个表格你会发现，阅读图 1.23（a）会紧紧地盯着整齐排列的线条。然而图 1.23（b）让你第一眼看到不同产品的多项信息对比，同时，你很清楚这是一张表格。发布会上用的就是（b）中的处理方式。表格只是呈现信息的方式和手段，却不是核心，核心仍然是表格中的信息！所以复杂的网格线可以适当简化和弱化，让主体信息第一时间映入眼帘，这种处理的方法在图表中经常用到。

图 1.23（b）所示幻灯片上所有的元素都可以通过演示软件自身的功能实现，左侧的电池示意图需要使用形状的一些功能，电池主体就是两个同心的圆角矩形，一个填充颜色无边框，另一个无填充白色边框，而比较麻烦的是“电池正极”一侧的类似带圆角的小半圆形状，这个小形状需要用到多次“布尔运算”，而且需要比较细致以掌握精准度，“布尔运算”在形状章节有说明。如果嫌布尔运算麻烦，也可以借助 PS 或其他工具。表格没有什么难理解的东西，就是很多的文本框和几根弱化了的线条，但要注意控制好文本之间的间距、文本与线的间距、文本与线的对齐关系等等细节。

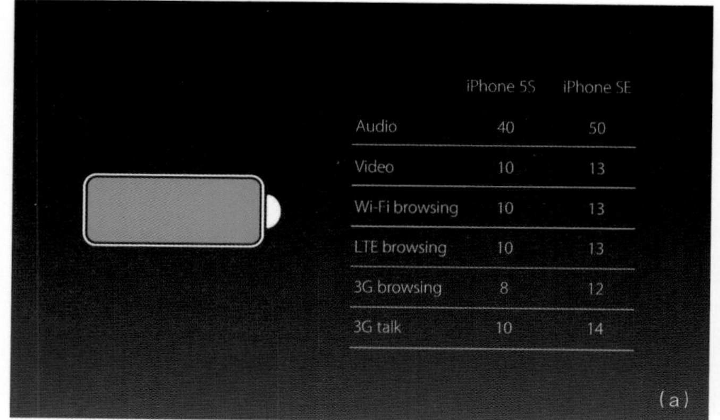

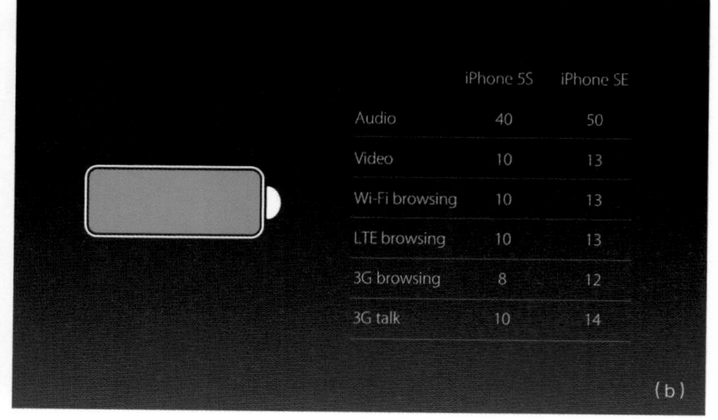

图 1.23

图 1.24 是罗永浩在演讲中用到的一张幻灯片（根据演讲现场图片还原制作，与原幻灯片有一些差异），这张幻灯片在形式上看上去似乎并没有值得探讨的东西，很平淡。事实上，幻灯片制作者在制作这张幻灯片的时候是非常细致的。我将制作这张幻灯片的过程给出是因为这个例子很好地反映了如何根据单纯与齐一等原则来处理幻灯片中处于并列关系的图片或者其他元素。

这张幻灯片其实是妥协的结果。你会发现图片偏小，原因在于能找到的图片尺寸非常有限。因为演示的屏幕是宽屏，如果图片排得太开会显得很松散，于是两侧留出了很大的空白。不过在进行演示的时候，影响并不大，因为幻灯片与灯光的布置和现场的环境融入得比较好，两侧的空白会弱化很多。罗永浩演讲中的很多幻灯片制作都是非常理性的，值得细细思考和研究。

图 1.24

图 1.24 所示幻灯片主体信息为三张处于并列关系的图片。如图 1.25 （a）所示，通过谷歌搜索到的图片尺寸和质量都非常有限，这种方式太过粗糙，需要根据单纯与齐一的原则对这些人物照片进行处理。首先就是尺寸和色彩，先将图片剪裁得到三张大小比例一致的图片，然后将照片背景统一处理为白色背景，建议使用位图处理软件（比如 Photoshop）完成。现在，这张幻灯片的一致性已经增强了不少，但仔细观察会发现一些问题，如图 1.25（b），你会发现观看这张幻灯片的时候，注意力会偏向第三张照片。

其原因在于最容易吸引人注意力的内容是：移动的东西（比如影像和动画），人脸图片（尤其是正面），和食物、性或是危险相关的图片、故事，还有噪音。另外，在大脑视觉皮质之外还有一处特殊区域，专门用来识别人脸，称为梭形脸部区（Fusiform Face Area，FFA）①。综合上述描述，我们还需要将人物照片头部大小统一，所以需要再次搜索满足要求的人物图片，然后经过尺寸和色彩的一致处理等等，最后得到图 1.25（d）中人物图片的效果。

这样一个处理过程是比较烦琐的。我们在最开始就提到的优先级原则中有一条是权衡幻灯片的重要程度与成本投入。这张幻灯片在大型演讲中使用，因而必须要求足够精致和用心。另外，照片中人物的视线方向也是需要注意的，视线相对或相背时容易带有不必要的情感色彩。比如相对可能会意味着对立和争执，也可能意味着友好与合作，在这张幻灯片中是完全不需要体现这些信息的。

① 参考 Susan M. Weinschenk. 设计师要懂心理学. 人民邮电出版社。

幻灯片处理举例①

(a)

(b)

(c)

(d)

图 1.25

① 图 1.25 所示幻灯片上的原图片来源于谷歌图片，其他的处理由 Photoshop 完成。

2

幻灯片页面排版布局

版心与页边距

在杂志、书籍这些印刷物中，“版心”是很重要的。但很多幻灯片制作者对“版心”这个概念可能并不了解，事实上我们经常和它打交道。在使用 Word 编辑文档的时候，“布局”中有一个参数调整的选项叫“页边距”，这个参数其实就是在调整“版心”。图 2.1 为书籍内页的版面设计，图 2.2 中间较深灰色的部分则为“版心”，箭头表示的则是“页边距”。“版心”就是页面中主要内容所在区域，而“页边距”则是版心周围留有的空白区域的宽度。使用 Word 编辑文档时就可以通过改变页边距大小来调整版心的位置和大小。运用好版心与页边距对于幻灯片的页面排版布局也是极为重要的，不亚于书籍、杂志等印刷物。

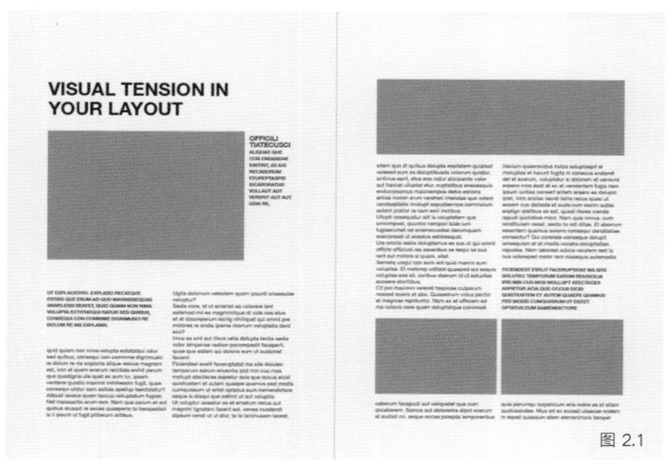

图 2.1

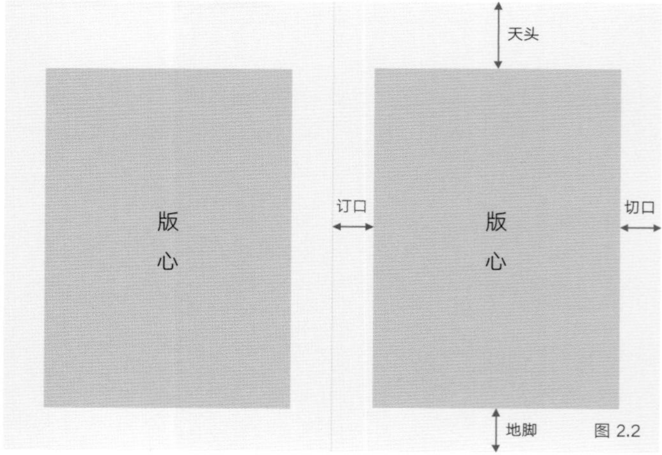

图 2.2

那幻灯片中的“版心”到底有什么用？最基本的确定主体内容的区域这个作用仍然是有的。另一个问题在于是不是所有的内容都需要控制在版心内？并非如此。也就是说，版心对不同元素的限制是不同的。一般情况下，文本信息极少会越过版心的边界，如图2.3 与 图2.4 所示（红色线框可视为版心边界），当然，也有一些幻灯片文本布满了整张幻灯片（见图 1.24）。全图作为背景肯定会越过版心边界，而尺寸较小的前景图片很少会越过版心边界，一些与文本内容相关的形状不会越过版心边界，而一些“额外的”点线面等形状可能越过版心边界……

其中，需要注意的是图表中往往包括文本信息，所以普通图表同样受版心的较为严格的“限制”。本页幻灯片举例中没有用到图片，读者在前后出现的一些举例中可以体会到。另外，图片的“焦点”需要控制在版心内。比如一张人物图片，一般情况下我们会将五官呈现在幻灯片的版心内，而不会将眼睛或者嘴巴“截掉”，可以类比拍集体照的情况，应该没有人愿意只露出半个脸。在幻灯片中，一些较为次要的、优先级很低的信息，往往会布置在版心的边界附近，比如页码（一般只有页数比较多的阅读稿会用页码）、引用来源、一些不太重要的注释等等。

图 2.3

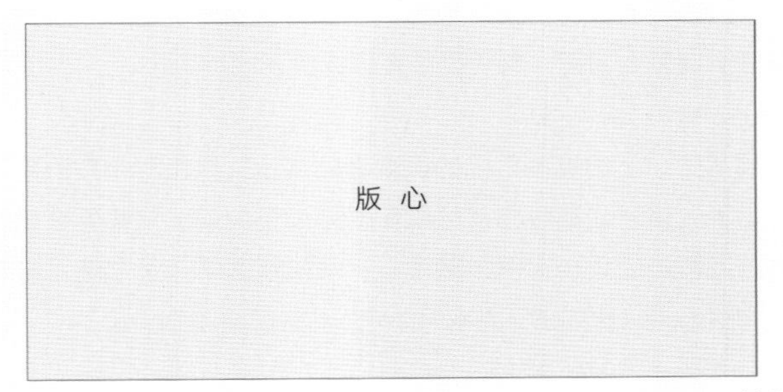

图 2.4

幻灯片中版心和页边距的运用与书籍杂志是有区别的，关键原因在于处理的对象组成和信息承载的媒介存在差异。大部分书籍杂志都有大量文本，图片量或多或少。一般配图不太多，图片尺寸要求不大的书，其内容的编排仍然会限制在版心内，这样更利于整本书视觉上的统一，比如之前的书籍内页排版举例（图 2.1）。而幻灯片则不同，它往往没有那么多内容来支撑它的整个版心达到一个较为“充盈”状态，比如演示文稿很少会出现文字排成一个较大长方块的情况，演示稿中就更难得出现“豆腐块文本”了。

在信息承载的媒介这一点上，书籍、杂志要考虑到印刷装订等因素，一本较厚的书翻开时书页会形成一道弧线，因而留有较宽一点的“订口”可以避免因此造成阅读困难，所以书籍单页的版心与纸张可能并不是轴对称关系（至于书籍杂志这些印刷物的版心和页边距到底如何确定，大家可以参考一些其他书籍或资料）。而幻灯片和它们不同：幻灯片是以单张呈现，书籍是双页呈现；幻灯片主要在显示设备上翻页，而书籍是装订成册手动翻页……

事实上，上面这些不同的因素都让演示文稿版心和页边距的确定简化了，演示文稿版心往往就在幻灯片正中间，只需要考虑各个方向的页边距的大小比例关系即可，一般情况下，上下或左右可以留一样的边距，比如上下各留 2cm，左右各留 2.5cm。

不过，并不是唯一确定好页边距和版心就可以了，很多演示文稿，你甚至找不到它的版心在哪里，没有明确的版心边界；又或者，你可能会在一份演示文稿中找到不同的版心。在幻灯片中，版心是相对自由的，比如从本章最后的两个例子就可以看出来，虽然都构成复杂，但从页面上体现的版心大小并不一样，而且幻灯片下边的深灰色长方条中的文本是越过了版心的，这也是一种比较特殊的情况（注意文本部分仍然处于深灰色矩形条中央，可以理解为“局部边距”的控制）。

当版心变得相对自由之后，这时候页边距就非常重要了，虽然不同幻灯片因为内容的影响可能版心会有一点变化，但该留出来的页边距肯定是要有的，合适的页边距有助于版面的美感和阅读时的愉悦感。将内容全部挤在中间较小的区域，或者将内容密集地布满整个幻灯片，都会让人感觉不舒服，说得“洋气”点，就是缺少呼吸感和张弛感，这一点其实跟适度“留白”很像，包括其他的一些间距也可以视为适度的“留白”，比如行距、字间距等等。

书籍杂志的页面布局对于幻灯片的借鉴意义是比较小的，一些书的封面可能有一定借鉴意义，比如《乔布斯的魔力演讲》第 3 版的封面。而画册中很多东西与幻灯片比较像，比如都有较多的图片和较为简洁的文字，也都需要考虑版心和页边距，包括单纯与齐一，节奏与韵律这些同样可以运用等等。利用 PowerPoint 等演示软件排版一本类似电子画册的效果是完全可以实现的，但是如果制作幻灯片不加思考地去模仿画册却是不大行得通的。

画册与幻灯片之间有着本质区别，前者获取信息较主动，后者获取信息较被动；前者阅读距离尺长，后者若干丈长且不等（当然投影仪或者其他设备能放大画面，但幻灯片上核心信息的可识别性往往要优先考虑靠后的观众）。当然，如果你想将一份类似报告的阅读文稿用演示软件排成画册效果，这无可厚非，完全可以参考画册的设计，不过要注意时间成本以及画册的制作难度要大很多。图 2.5 中的处理方法接近于画册，图 2.6 则是典型的幻灯片。

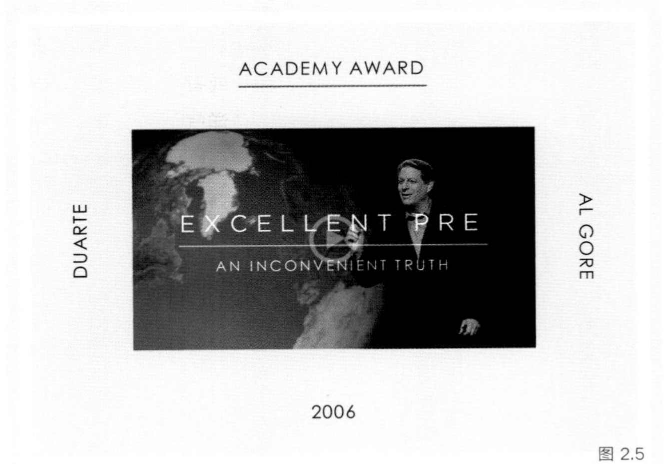

图 2.5

图 2.6

幻灯片构图基本特征

构图是对画面全局的把控，是摄影和绘画中的重要概念，与版心一样，同样可以将其引入到幻灯片中来。绘画前确定画面主体的最高点、最低点、最左点和最右点，这和我们将主体信息布置在版心内是一个道理。部分读者可能还了解一些构图中使用的“专有名词”，比如“三角构图”“S型构图”“对角线构图”“黄金分割构图法”“三分法构图”等等。其实，幻灯片并不需要弄得这么复杂，掌握三点就好：一是控制好版面布局的饱满度；二是“两个重心”的近似重合；三是集中与紧凑。控制好版面布局的饱满度对应尺寸与比例的原则，“两个重心”的近似重合对应对称与均衡，集中与紧凑则是对应亲密性原则。

饱满度与版心的设定、内容的多少等要素有关系。对于页面构成简单的幻灯片而言，饱满度能影响幻灯片的气势，当然还要结合其他因素考虑。比如小米新品发布会《新国货》和《发烧到底》这两张幻灯片使用粗犷的书法体，使用大字号和较高饱和的红色，能很好地传递比较强烈的情感。而像《原研哉的著作》和《白》这两张幻灯片，版面的留白比较多，元素偏小，比较符合无印良品的特点，而如果采用饱满的构图就是另一种味道了。对于内容很多、构成复杂的幻灯片而言，版面一般会比较“充盈”，但不一定有气势。具体的例子参见本章最后的两张幻灯片举例。可见，饱满度也并非一成不变，需要根据幻灯片的内容、情感等等因素来考虑，有时候也会与制作者的审美偏好有关，比如有些读者可能比较喜欢“留白”，而有些读者可能偏好更饱满、更有力量的构图。

图 2.7

我个人觉得图 2.7 所示的这张幻灯片的饱满度还小了一点，可以再将页边距缩小一点，但要注意书法字体下面不会被演讲者挡住；幻灯片中的几个大字并不是简单地使用书法字体就可以，这几个大字是经过单独设计的。

“两个重心”的近似重合（对称与均衡）

首先要说明的是“两个重心”的含义，第一个“重心”是指幻灯片整个区域的中心，也就是幻灯片对角线的交点。第二个“重心”是幻灯片主体构成元素的“重心”。如果幻灯片构成很规律，具有中心对称特点（一行简短的文字可以作为一个长矩形处理，也具有对称中心），那么其重心是很好找的，就是对称中心，操作上直接全部选中组合然后居中对齐即可。“两个重心”的近似重合其实就是对称与均衡的构建，而居中能很好地体现对称均衡，这也是幻灯片常见的处理方式，可以说是经久不衰。

在对称与均衡原则中也提到过，有对称中心是少数情况，更多的是要构建均衡，这个时候同样要遵循一定的规律：幻灯片的页面构成重心会偏向视觉效果更强烈的一方，所以视觉效果更强烈的元素会靠近幻灯片的几何中心，它也往往是幻灯片想要强调的主体信息。视觉效果强烈是一个相对的概念，很多因素都会有影响。比如与面积大小相关的就有字体粗细、字号大小、形状大小、图片大小、线条粗细、线型等等；与颜色相关的就有明度对比、色相对比、纯度对比、透明度等等。如图 2.8，左侧元素的视觉效果要弱于右侧的元素，这一点能比较容易看出来。但在制作幻灯片的时候，往往不是单一变量发生变化，而是很多因素杂糅在一起，比如同一个文本里边可能使用字重不同的字体，比如人物头像的轮廓并不是规则形状，比如形状除了长短不一，可能色相、纯度、明度也都不一样，所以均衡的构建还是更依靠视觉水准对页面上的元素进行微调，这需要制作者见识过较多而且也做过较多的幻灯片。

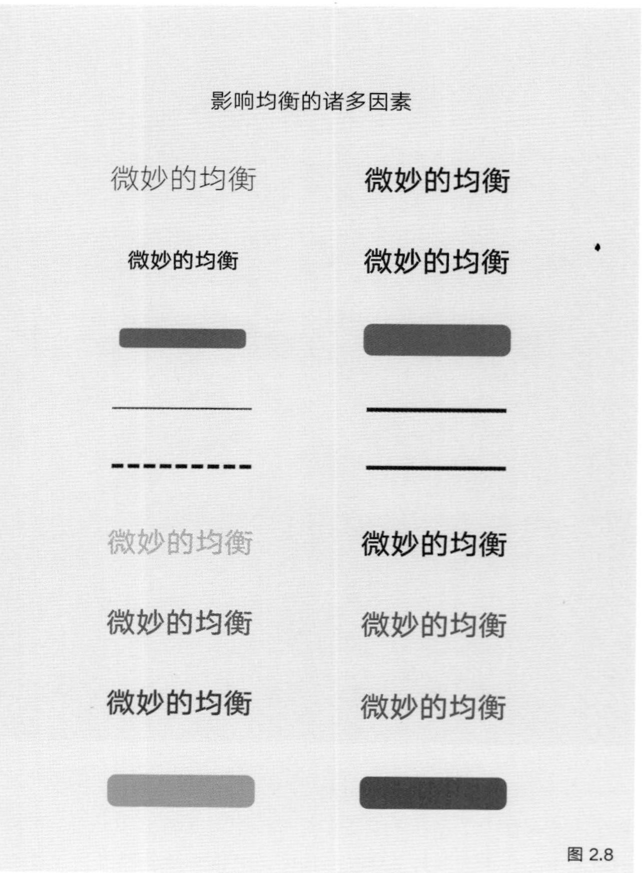

图 2.8

不满足均衡的情况（见图 2.9）

GOOD DESIGN IS
AS LITTLE DESIGN
AS POSSIBLE.

Dieter Rams

图 2.9

对称与均衡是绝大多数情况下要考虑的，但是对称与均衡不是绝对不可以被打破的。图 2.9 所示的幻灯片中，主体文本信息靠版心左侧左对齐，重心偏左。文本左对齐排列符合我们的阅读习惯，这里如果将文本整体向右移动到版面中央，反而会觉得有点奇怪。

如果转换思路，比如不用大字号和大写字母，没有换行，可以直接使用居中对齐，这时候不需要靠左对齐了，因为没有不同行之间的对齐。又或者将 Dieter Rams 的更多文本摘录下来，又是另一种情况。所以说，构图也需要视具体情况而定。

集中与紧凑（亲密性原则）

集中与紧凑这一点主要是针对图 2.10 中这种布局形式的幻灯片提出，相比之下，“亲密性”的适用范围比它更大。图 2.10 所示幻灯片中标注的几个数值之间的大小关系其实是有规律的：A>B，E>C>D，如果你再回到前面的一些举例，会发现很多相同形式的幻灯片都满足这一关系。为什么存在这样一个数值关系呢？横向上，处于同等位置关系的几点内容之间是有联系的，也就是我们说的亲密性。相比之下，页面的边缘与它们就没有这一层关系。在纵向上，除了亲密性的影响，还有对称与均衡的影响，三点内容的视觉效果更强，对页面构成元素重心的影响较大，所以它的位置相比标题更靠近画面中心。幻灯片有时候是可以量化的，我们处理和制作幻灯片的思路和方法也应该是理性的，具有逻辑的。

集中与紧凑这一点与分栏是类似的（见图 2.11），栏与栏之间的间距要小于页边距。但有一点要注意的是，版心边界在这种情况下只有限制作用，即文本等内容需要控制在版心内，但并不作为对齐线，也就是说标题的位置并不需要与版心的上边界对齐，圆形也并不需要与版心下边界对齐。演示文稿也有使用这种分栏形式的情况，比如本章最后的两张幻灯片举例。两张幻灯片一张分了两栏，一张分了四栏。当幻灯片的内容变多、变复杂的时候，它的版面布局会和书籍靠拢，因为幻灯片的用途变成了阅读而不是演示。但它同样会保留一些基本的构图特征，比如在对称均衡上，两侧页边距会保持一致，而不会像书籍一样有订口与切口之分，当然，书籍的奇偶页经常使用对称版式，从而构建对称与均衡。

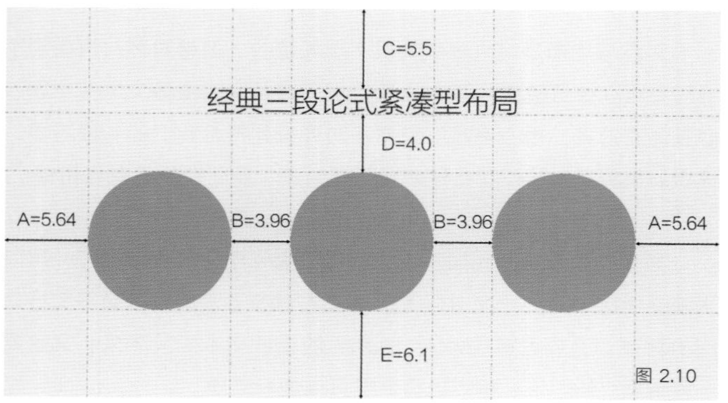

图 2.10

图 2.11

演示稿构图基本特征实例（见图 2.12）

（a）

（b）

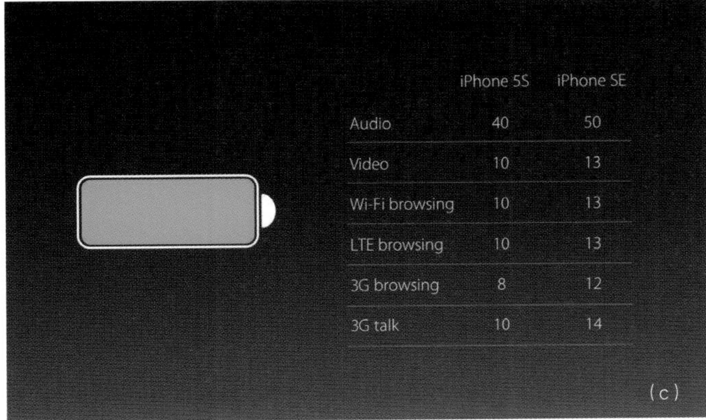

	iPhone 5S	iPhone SE
Audio	40	50
Video	10	13
Wi-Fi browsing	10	13
LTE browsing	10	13
3G browsing	8	12
3G talk	10	14

（c）

（d）

图 2.12

用图层思维解构幻灯片

面对图 2.13 所示的幻灯片，你能看到什么？你肯定能告诉我是图片，还有一些文本框等等。但是，这只是我们视觉上的直观感受。现在，换一个问题。我很喜欢这张幻灯片，我希望你能将它复制一份，你应该怎么办？现在你就需要思考这张幻灯片上的元素有什么内在逻辑了。第一个问题强调的是结果，第二个问题强调的是过程，这也是演示文稿阅读者与制作者之间的区别。

在制作幻灯片的时候，包括图片、文本在内的幻灯片上的所有元素都是以图层的方式呈现，图层与图层存在各种关系，其中有次序关系、对比关系（比如背景和前景往往构成对比关系）等等。但我们在 PowerPoint 中并不能找到“图层”，有一个和图层类似的选项叫做“窗格”，我觉得它们之间的区别在于“图层”强调层与层之间的叠加关系，而“窗格”强调位置关系。图层的运用更为广泛，包括在其他很多软件中都有图层这样一个概念，在制作演示文稿时，我们也完全可以运用图层思维。

演示文稿中的图层正向运用是将不同的元素整合成一张和谐的幻灯片，而逆向的运用则是将复杂拆解为简单。比如图 2.13 这张幻灯片，如果想将其制作出来，必然要经过先逆向拆解，再正向组合这两个过程。我们用图层思维来拆解这张幻灯片：

1 是背景图层，其构成是一个由中心向四周的径向渐变，渐变变化的主要是色彩的明度，而且明度跨度比较小。

2 是一个正方体。而这个正方体可以再拆解，有上表面，左右表面，以及阴影部分。光源方向为左上角。面上会有光影变化，需要使用渐变，阴影的处理较为复杂一点。这个正方体借助 Photoshop 完成，然后导出PNG格式图片比较方便。

3 是一条和正方体棱线重合的蓝色转折线，借助 Photoshop 绘制，先用钢笔描出路径然后描边，注意定义好画笔工具，图层的叠加顺序在正方体之上。

4 是两个文字 logo，而不是直接输入的文本，Logo 通常在网络上搜索即可，后面也会提到搜索的技巧。如果没有搜索到可以直接使用的保留了透明效果的 PNG 格式，需要借助位图处理软件进行抠图（用演示软件抠图不够精细）。

5 是两个文本框，这可能是整张幻灯片最简单的部分，不过也需要控制好字体类型、字号大小、位置和颜色等等。

图 2.13 所示幻灯片来源于三星 Galaxy S7 发布会，当时应该是作为暖场页面出现。

幻灯片中的点线面

点线面的概念是"量化分析"思维模式的产物。在幻灯片制作过程中，我们更多是用点线面的构成来理解幻灯片，而不是自己强行往幻灯片中加入过多额外的点线面元素。也就是说，幻灯片本身的内容就有点线面的区分，它们的存在很合理，比如折线图就有连点成线、时间轴也会有点和线的关系等等。点线面强调的其实也是对比关系，而且是面积的对比。点线面是一个相对的概念，这和我们判断一个物体是否能作为质点处理是类似的。比如图 2.14 所示的就是文本中的点线面关系，单个的字母是"点"，字母组成单词连成句子便能形成"线"，句子的排列又组成"面"。

从相对关系来看，主体文本和下面的名字相比，名字又可以被视为点。在这张幻灯片中，线排列形成的面是主体。我们从点线面的角度再来分析之前出现的《月球》海报（见图 1.7），画面的主体明显是面，电影名称是一条粗线，演员名字部分是三条稍细一点的线，并且颜色的深浅有层次关系，电影介绍文字是三条细线，优先级最低的信息虽然形成一个面，但是这个面很弱，可识别性也较低。可以说，在多数幻灯片中，点线面之间构成的对比关系成为强调的最重要因素之一，也因此影响页面元素的阅读顺序，其他构成对比的因素也能影响信息层级关系，这在后边会提到。

图 2.14

构成主义[①]

图 2.15

① 图 2.15 为扬・奇科尔德创作的《构成主义》海报，解读这张抽象化、数字化的海报需要从它的创作背景、尺寸比例和点线面的构成入手。有兴趣的读者可以查找一些相关的资料，不过这与幻灯片没有太多的关系，只是相当于一个小延伸而已。

点也可以成为被强调元素

在幻灯片中，“点”也可以起到很重要的作用，比如制作一张地图图表，幻灯片内容是国内 VR / AR 公司在不同地区的分布情况。其中地图是“面”，上面是蕴含了更多信息的“点”，比如地理位置、不同地区公司数量分布的大小关系。在制作这张幻灯片的时候，我特地将地图这个作为“面”的元素弱化了，通过减弱其颜色与背景的对比来实现。这张幻灯片会在后面章节中出现。

在制作幻灯片的时候，每加入任何一个元素，都必须要考虑其合理性，要能找到说服自己将其引入到幻灯片上来的原因。按照这种思路来制作幻灯片的时候，一张幻灯片的呈现，哪些是点？哪些是线？哪些是面？哪些需要强调？应当是浮现甚至是涌现在你眼前，而不是绞尽脑汁地去想在哪里加入一些其他形状。

但有些幻灯片制作者并不怎么考虑合理性。比如用文字云的方式来做目录，文字云一般呈现的是比较碎片化的信息，或者一些关键词，而目录是非常具有条理和逻辑的信息。这两者强加到一起就不合适了。再比如，很多幻灯片制作者看到一张海报上用网状的线框来装饰一个人物，然后他们也将幻灯片中的人物用细线包围，来起到修饰的作用。事实上，修饰并不是重点，重点是主题，那张海报也许是要表达一种束缚，也可能是表达一种张力，而那些细线组成的网如果脱离了特定的主题，意义便不复存在。海报的图片读者可以自行通过谷歌图片搜索“motion theater poster”，会发现这其实是一系列关于舞蹈的海报，都运用了相同的手法。

点线面的过度使用（见图 2.16）

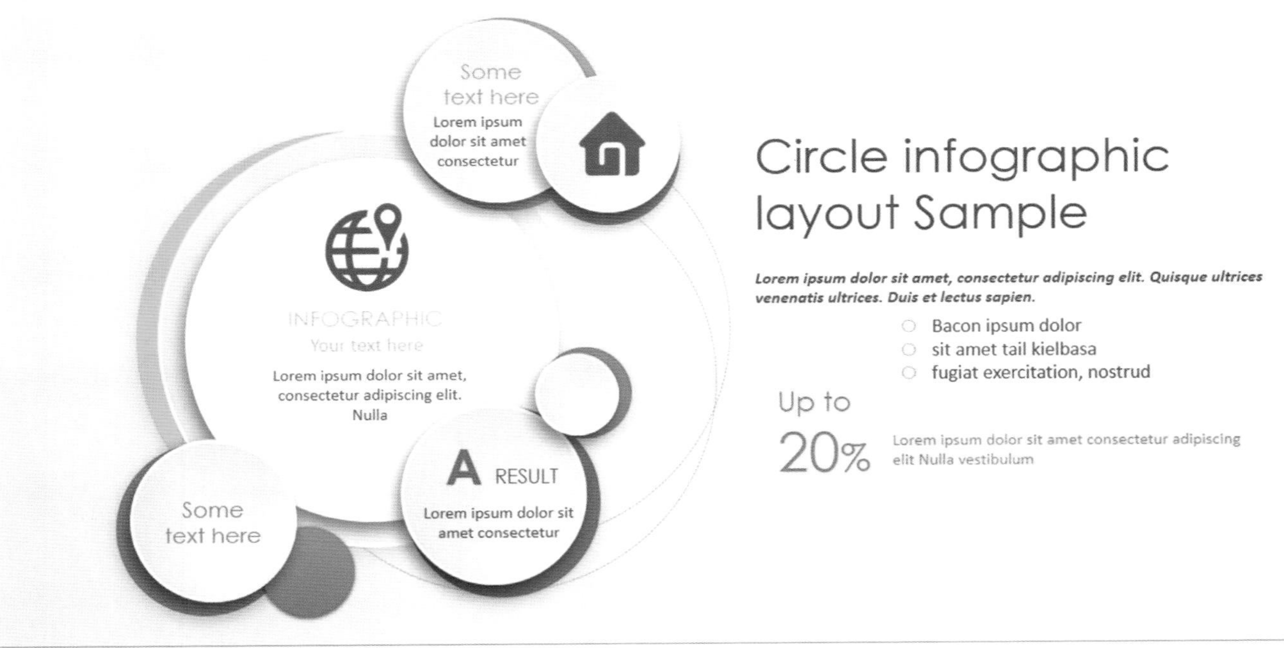

图 2.16

一些模板会使用较多的点线面，然后取一个名字比如“大气粒子”“欧美线条”之类的，其实很少考虑实用性；制作幻灯片最好不要套用模板，否则你的思路会被局限得厉害。

图 2.17~图 2.19 所示三张幻灯片是同一个演示文稿首页的不同处理。在节奏与韵律一节中也提到了首页可以适当考虑引入带有节奏与韵律美感的元素出现，其实这两者是相关的，因为节奏与韵律往往和点线面构成联系到一起，苹果发布会邀请函在这一点上也吻合得非常好。当然，还有颜色的参与。图 2.17 这张幻灯片配色上比较有视觉冲击力，前景色和背景色在明度和纯度上的对比很强烈。需要注意的是，同心圆环的大小粗细要掌握好，也就是尺寸与比例的问题。圆环的线不能太粗，要保证文本内容主体性。其粗细控制在大小文本笔画粗细之间较好，并微调。

其实，如果没有这些圆环也未尝不可。阅读阻力非常小的轴心式布局，也完全可以作为演示文稿的首页。增加了圆环可能有一点感觉上的不同，比如让人联想到“视角”“新科技”，画面更加活跃等等，其实演示文稿首页中点线面的运用与个人喜好的关系也比较大。还有一点就是，这三个点线面运用的举例也符合我们之前在版心中提到的，一些“额外的”点线面元素可能越过版心边界。图 2.18 所示幻灯片引入了多种颜色细线段，其面积很小，对主体信息的影响也比较小，图 2.19 所示幻灯片引入了与 AR / VR 主体相关的图片以及弧线，文本仍然处于主体信息地位。

图 2.17

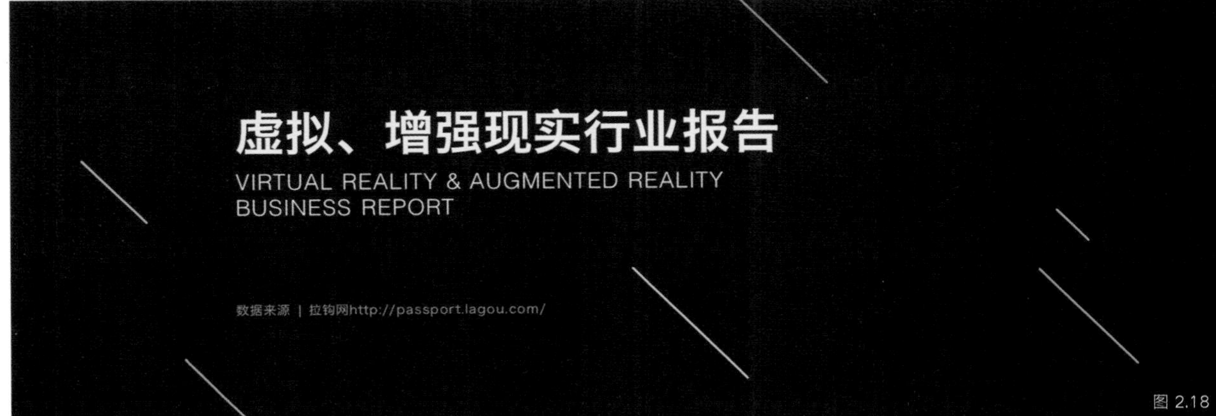

虚拟、增强现实行业报告
VIRTUAL REALITY & AUGMENTED REALITY
BUSINESS REPORT
数据来源 | 拉钩网http://passport.lagou.com/
图 2.18

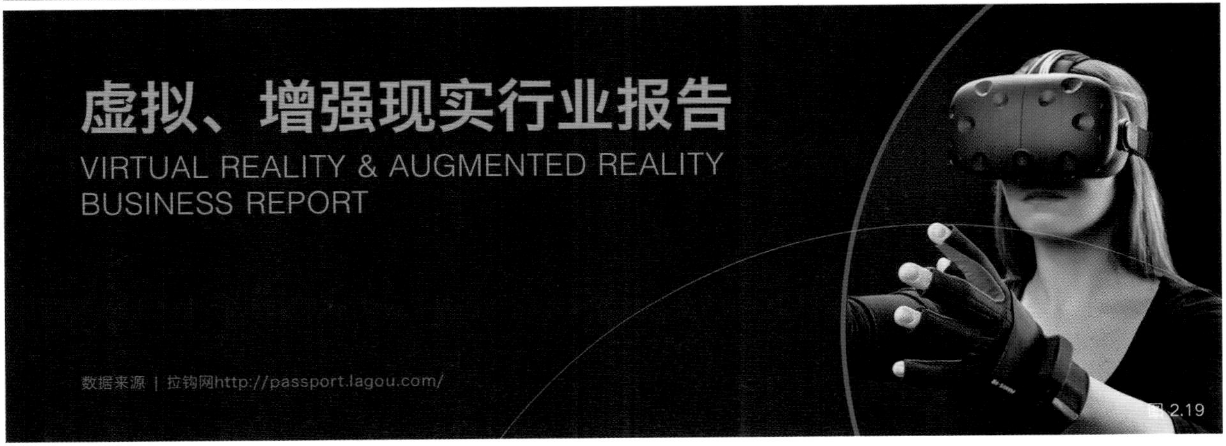
虚拟、增强现实行业报告
VIRTUAL REALITY & AUGMENTED REALITY
BUSINESS REPORT
数据来源 | 拉钩网http://passport.lagou.com/
图 2.19

对齐很重要

在生活中，我们其实经常会根据“对齐”去完成很多事情，比如书架上有一本书被抽出来，我们会将其摁进去；桌面上有一堆散乱的 A4 纸，我们会将其收拢拿在手上，然后将参差的边缘在桌上轻轻敲击几下；整理衣服的时候，我们会将其折叠成方块并垒起来然后放入衣柜或行李箱……对齐其实是将事物整理得有秩序、有条理的非常便捷的一种方法，然而，很多人在制作幻灯片的时候却是图片和文字随意摆放，毫无章法。虽然我并不知道其中是否有什么深奥的缘由，但我很清楚的是，改变这种随意的做法并将对齐运用到幻灯片中是非常简单和有必要的。

在演示文稿的制作过程中很好地运用对齐能让人看起来条理清晰，层次分明，能明确表现出页面上一些元素的相关性，让我们觉得有一条看不见的线将存在某种联系的内容串在了一起，引导观众和阅读者的视线按照一定的顺序去阅读。你可以翻看一下本书中出现的例子，每一张幻灯片中都有运用对齐的地方。能够参与对齐的要素有很多，比如图片与图片、图片与文本、文本与文本、形状与形状、形状与文本、形状与图片等等，表格与其他图表更是一个对齐“聚居地”，还有版心的边界、幻灯片的中线……

对齐的形式有很多，比较常见的有左右对齐、上下对齐和居中对齐（文本编辑时有两端对齐），其他合理的对齐方式也是没问题的，比如斜对齐，还有根据不规则轮廓来控制元素长短和布局的也可以视为对齐，但后面两种在幻灯片中运用很少。

对于文本内容而言，左右对齐和上下对齐（拆分后叫顶端对齐和底部对齐比较顺口一点）中，阅读习惯使得左对齐与顶端对齐运用更多，其中顶端对齐在西文中使用不多，中文使用顶端对齐一般会按照从右到左，从上到下的阅读顺序排列，这种布局有一点“书卷气”，大家可以参看一些无印良品的广告，对齐的运用非常普遍而且明显，而且有挺多顶端对齐的文本出现。文本顶端对齐在幻灯片中用得也不多，最常见的是左对齐和水平居中对齐。还有一个两端对齐，可以在排列成段文本时使用，不过要考虑栏宽等因素，也可以在集中式布局中使用等等。

图 2.20 所示的幻灯片是一张目录页，呈现方式非常直观。两条虚线是另外标注的对齐线，两条对齐线将信息的层级关系进行了区分，包括文本大小和颜色（透明度不同）也一并参与信息层级关系的区分。间距的处理与亲密性相关，同一层级信息之间的亲密性要大于与上一级之间的亲密性。关于这里的对齐线，我觉得码过代码的读者应该会比较熟悉，在一些编程软件里，也会有类似的对齐线来呼应代码之间的联系，依据的原则仍然是对齐。

前面提到过一个不合适的做法是用文字云的效果做目录。目录一般运用在一些专业性内容稍强的演示文稿中，内容上的逻辑性决定了演示文稿在视觉处理上也必须要有秩序，能反映出框架。

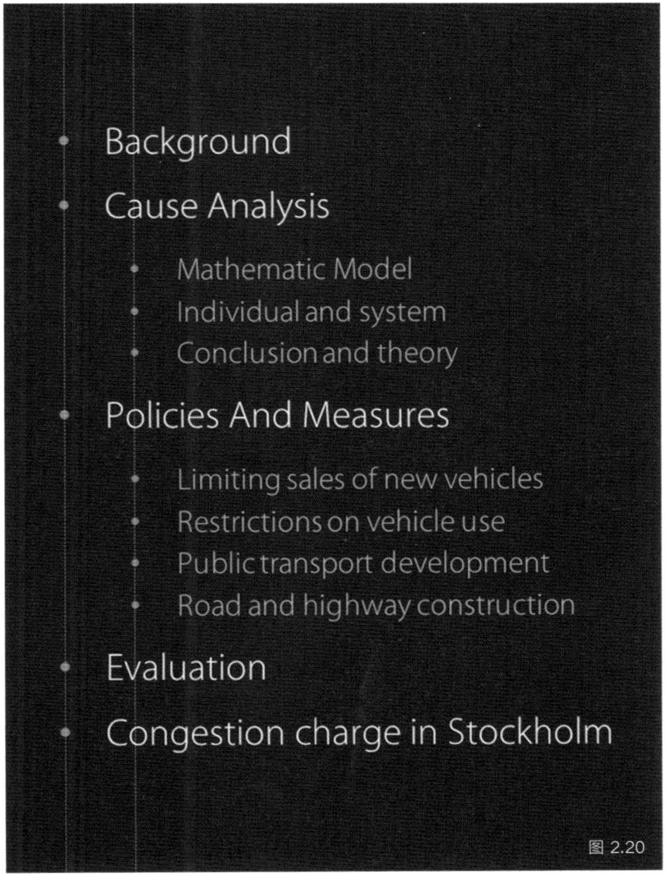

图 2.20

不止是无印良品，苹果，微软等公司的官方网站上，或者是一本版式讲究的书籍或杂志中……都能看到对齐作为一个“通用设计法则”的广泛运用。图 2.21 中，有无印良品的广告设计、海报设计、版式设计等等，它们构图不一、色彩不一，但都很好地运用了对齐。图中比较明显的对齐关系不作详细解释，幻灯片与这些举例在形式上有很大差异，很多小文本在幻灯片中不满足易识别要求。需要注意的是，我在图 2.21 中标注了几个较为隐性的关系。

图 2.21 中的标注 1 显示的是标题“Winter”与版面中线之间的关系，是很明显的居中对齐。标注 2 中的那个方块是一个正方形，下面的水平线是一条对齐线，对齐线确定了文本的布局为顶端对齐，而且阅读顺序也满足之前提到的从右到左、从上到下。而正方形确定了文本的位置。标注 3 中，我画了一个 3×6 的网格，这是我自己根据对这张海报的构成的理解而画的网格，以下分析可能过分解读了海报设计者的设计思路。

在横向上，画面主体（五颗甘蓝）占据三栏的中间一栏，这一点比较明显。而在纵向上，大致存在 1：2：3 的比例关系，分别对应文本外框的高度、文本外框上边界与上页边距离和文本外框下边界与下页边的距离。稍微有一点出入的地方在于文本的位置还要偏上一点，此时文本外边框没有与版面中线重合，而其中一条网格线变成了文本顶端对齐的对齐线。还有两个带星号的标注我们会在本节后面继续分析，这是一种“面积对齐”的情况。

图 2.21（a）

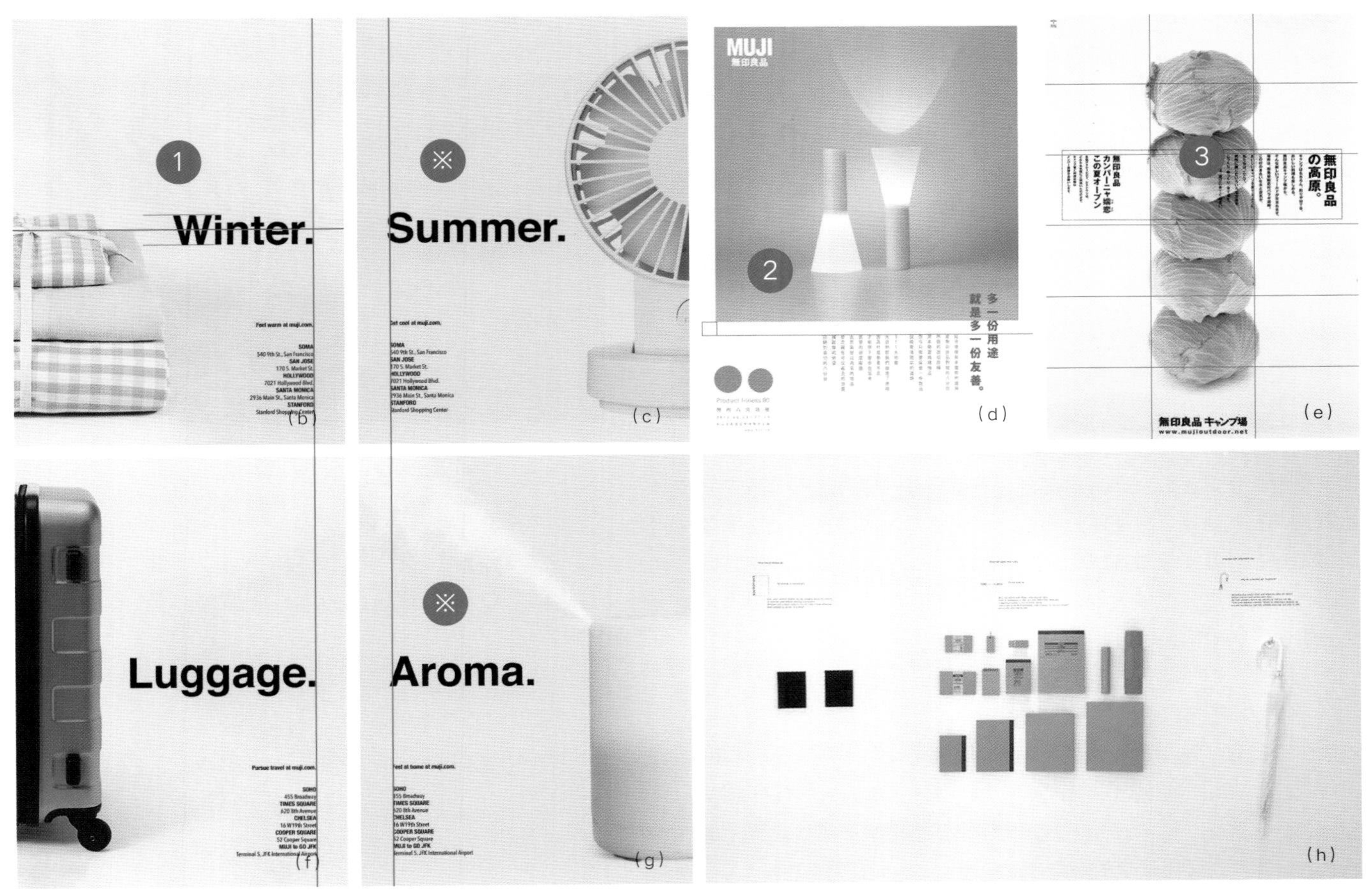

1
Winter.
(b)
Summer.
(c)
MUJI
無印良品
2
多一份用途
就是多一份友善。
(d)
3
無印良品の高原。
無印良品 キャンプ場
www.mujioutdoor.net
(e)
Luggage.
(f)
Aroma.
(g)
(h)

图 2.21（续）

边界的严格对齐

PowerPoint 中有对齐的快捷命令，因为对齐是常用命令，所以可以编辑软件左上角的快捷工具栏将常用的对齐命令添加进去，使用好快捷工具栏能显著提高演示文稿的制作效率。但是这些命令执行时有时候并不是严格的边界对齐，比如文本和图片左对齐时是用文本框的边框去和图片的边界对齐，如图 2.22 所示。所以，我们有时候还需要手动拉出一条线作为对齐线，然后手动微调为严格的边界对齐（使用方向键与 Ctrl 键组合进行微调）。

不过这张幻灯片的表现力可以进一步提高。人物图片尺寸大小足够，图片本身有大面积留白，因而完全可以考虑使用全图作为背景，让图片与文本更好地融合。改进的幻灯片见图 2.23，在这张幻灯片的处理中，同样多处用到了对齐线，不过我没有在图上标注对齐线，读者应该能自己想象出来。两条竖对齐线确定三个独立文本图层左右的对齐，包括两个文本图层的两端对齐以及三个文本图层的右对齐。两条横对齐线将文本限定在人物眼睛与下颚之间的横向延伸区域，这个区域大致在页面中心稍靠上位置，与容易吸引人注意力的人物脸部相呼应。

图 2.23 所示幻灯片中还用到了网格，如图 2.24，可以用形状绘制一个网格，不过这种做法并不方便和快捷，PowerPoint 也可以在视图中调出网格线（见图 2.25），往往是作为对齐线使用，但因为网格线比较影响画面，其实也不常用。最简单高效的其实是什么时候需要直接用形状画一条（注意使用 Shift 键控制正交）。

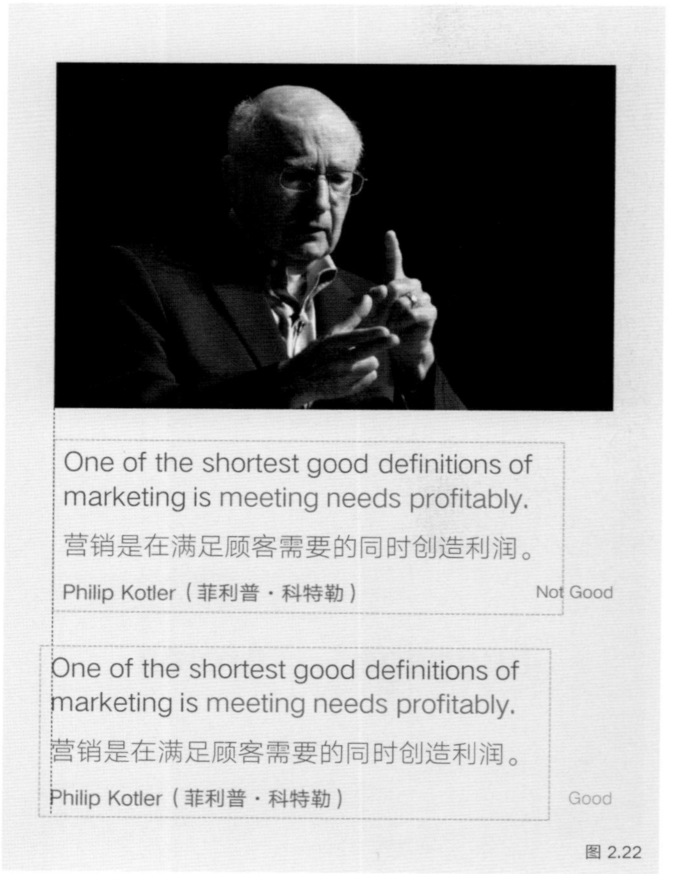

图 2.22

对齐的运用举例

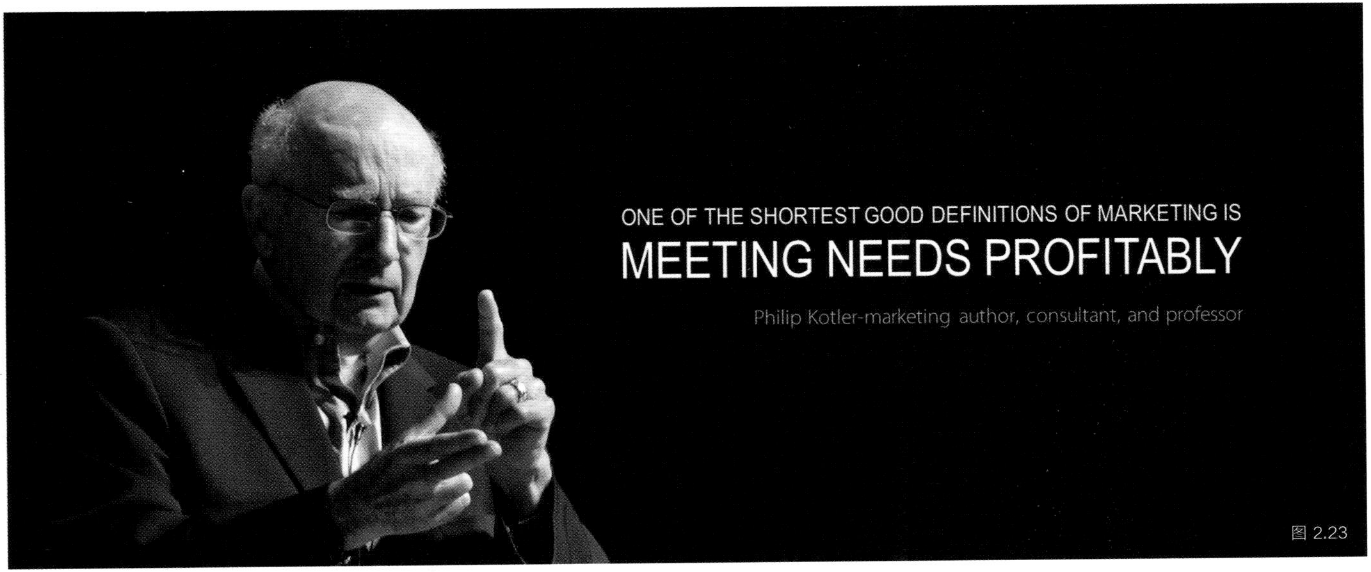
ONE OF THE SHORTEST GOOD DEFINITIONS OF MARKETING IS
MEETING NEEDS PROFITABLY
Philip Kotler-marketing author, consultant, and professor

图 2.23

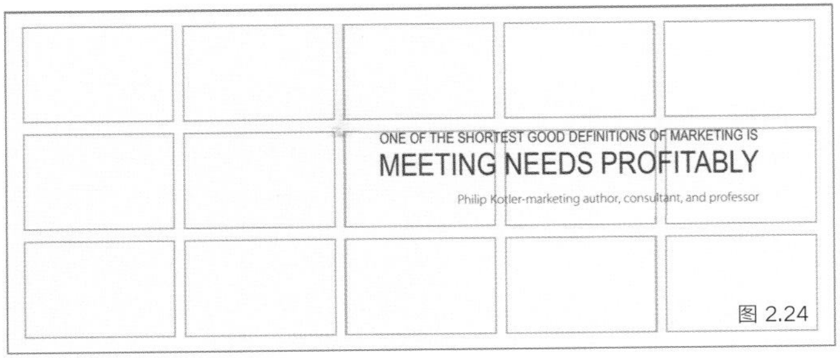
ONE OF THE SHORTEST GOOD DEFINITIONS OF MARKETING IS
MEETING NEEDS PROFITABLY
Philip Kotler-marketing author, consultant, and professor

图 2.24

ONE OF THE SHORTEST GOOD DEFINITIONS OF MARKETING IS
MEETING NEEDS PROFITABLY
Philip Kotler-marketing author, consultant, and professor

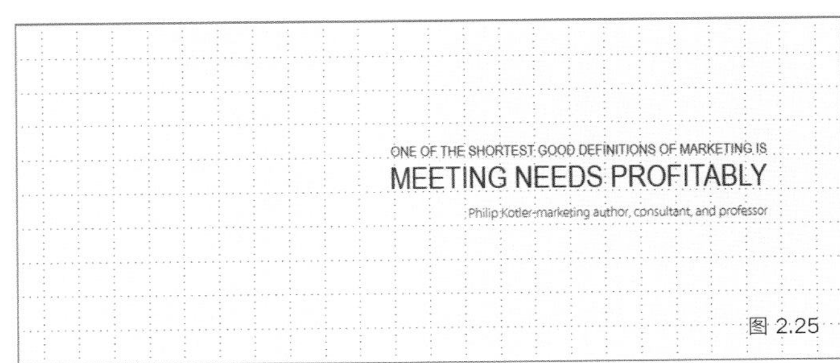

图 2.25

边界的严格对齐

图 2.26

图 2.27

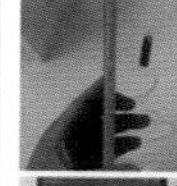

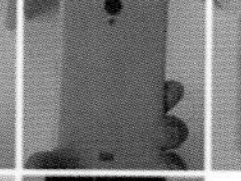

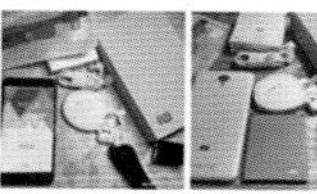

图片来源于小米发布会幻灯片局部，经过了处理。

图 2.28

图 2.26 与 图 2.27 的对比举例是边界严格对齐的一种比较特殊情况。图 2.28 很好地说明了其实微博截图的使用也可以更加“优雅”一点，这种处理方法借鉴了网页中的“卡片式设计”，网站可以参考 Dribble，Behance，Pinterest 等。

对齐命令能做到的是根据电脑为某一个元素划定一个边框，然后按照这个边框和相关算法实现对齐，这种对齐是有局限性的，比如形状复杂的不同元素按照这种方式来对齐可能就不妥了。比如图 2.29 中，很多个处于并列关系，形状各异的 Logo，我们按照边界对齐的方式得到前面两种效果。第一种方法是“顶端对齐”，第二种做法可以理解为“两端对齐”，两种处理方式效果都不如第三种合适，这种方法在《通用设计法则》中被称为“面积对齐”。

这里使用的“面积对齐”需要注意并列关系元素在视觉上的重要程度是一致的，而中间的做法让人首先注意到 BUGATTI 。另一点要注意的是重心的对齐与中心的对齐是有区别的。使用“面积对齐”需要一定的视觉水准。幻灯片中要将形状复杂不一的元素进行整合时，可运用“面积对齐”，它需要考虑重心与均衡的构建。当然，也还可以使用或融入其他方法，比如在第 5 章的 Logo 使用举例中（见 163 页）还使用了相同的圆角矩形来增强一致性。

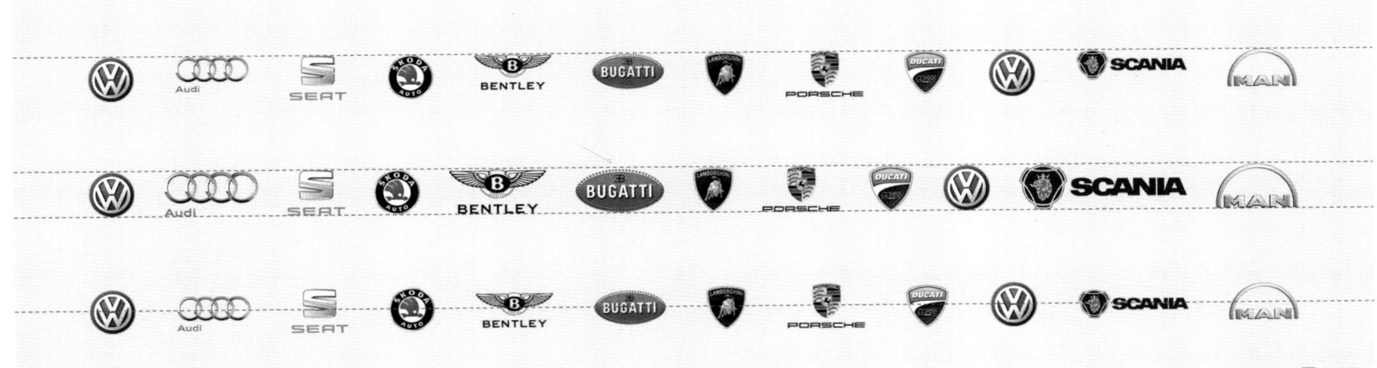

图 2.29

“面积对齐”举例

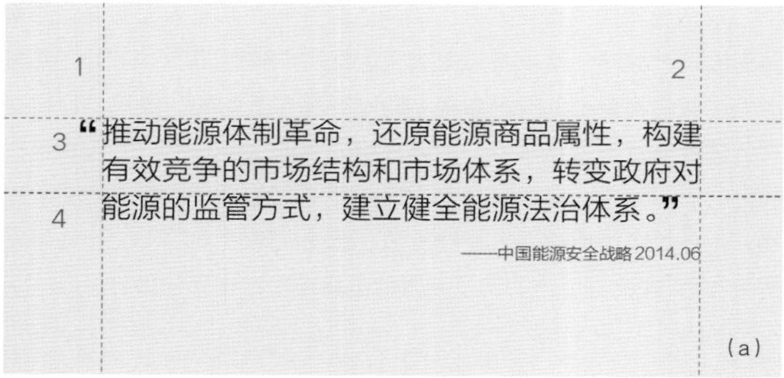

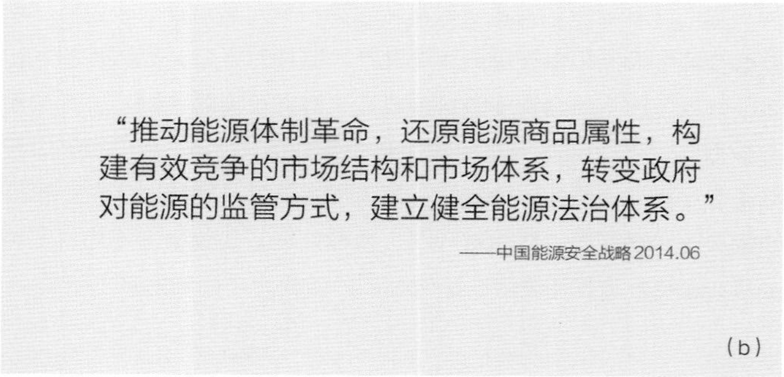

图 2.30

图 2.30 中的内容来源于《穹顶之下》中的一张幻灯片，我将背景简化了，将文本部分取了出来。这张幻灯片上有 4 个文本图层，分别是主体文本、引用说明文本、还有两个引号也是作为两个单独的文本图层出现。大多数人制作幻灯片时是图 2.30（b）中的效果，事实上，两个效果之间是有很大差别的，关键就在于引号的处理有所不同。前者使用的是面积对齐，这里也可以理解为“物以类聚”，因为标点符号和文本可以看成不同形式的元素，而且形状不规则，大小不一，索性就将标点单独拿出来处理。如果你有注意会发现标点符号一般不会作为行的首个字符出现的（除首行），包括我在设计这本书的版式的时候，都会尽量避免行的第一个和最后一个字符是标点符号。现在可以理解“无印良品的启示”一节中星号标注的意义了，设计者在调整好边界对齐之后，继续考虑“面积对齐”，将标题位置在横向上微调了一下。

图 2.30 中标注的含义：
1 表示主体文本的左对齐线；
2 表示主体文本与引用文本的右对齐线；
3 表示首行文本与起引号的顶端对齐线；
4 表示末行文本与回引号的顶端对齐线。

图 2.31 在后面仍然会用到，一些间距有具体的名词对应。标注的这些间距与高度之间满足一定的数量大小关系。首先是三个间距的关系，很容易看出来：a < b < c。从内容上来说，根据亲密性的原则，满足这一关系是完全合理的。也就是说，处于同一行的文本元素的亲密性大于不同行文本元素的亲密性，不同行文本元素之间的亲密性大于内容不处于同等位置文本元素之间的亲密性，更明确的关系应该是 a : b : c = 1 : 2 : 3，这个比例之前也出现过。

a：表示的是引号和与其最接近主体文本字符的间距；

b：表示的是主体文本行与行之间的间距；

c：表示的是主体文本和引用说明之间的间距；

H：表示的是主题文本行的高度；

h：表示的是引号字符的高度。

而两个高度之间的关系则是 H : h = 2 : 1。这些详细的比例关系很少有人注意，这里也存在过度解读的可能，但是几个间距的基本大小关系是需要非常清楚的。关于详细的比例关系，比如什么斐波拉契数列、黄金分割这些，有兴趣的读者可以阅读一些其他资料，比如《设计几何学》。此处将这些细节抠出来还是有必要的，很多东西看起来平淡无奇，其实不然。还有一点是关于这里的字体使用，主体文本是方正兰亭纤黑，引号可以使用冬青黑体，引用文本也是兰亭纤黑，不过破折号使用的是微软雅黑 Light，为什么不是兰亭纤黑呢？可能是字体设计的问题，兰亭纤黑的破折号笔画比字符要粗，而微软雅黑与兰亭黑系列师出同门，风格相近，微软雅黑 Light 破折号的粗细刚好能满足替换要求。在演讲中原幻灯片好像是使用的短横线，我觉得用微软雅黑 Light 的破折号替换兰亭黑的破折号更好一些，《穹顶之下》中的原幻灯片可能没有考虑这点。

图 2.31

网格的学问

从版心到分栏，再到对齐中用到的一些例子，网格的影子已经开始显示出来了。网格与对齐有着千丝万缕的关系，网格线经常作为对齐线出现，而对齐的广泛运用往往让人想象出一个有秩序的网格系统。可以这么来形容，网格在幻灯片中的合理运用，对幻灯片的制作者和阅读者来说都是一种莫大的幸福。制作者不会经常感觉一头雾水，能够更客观地更有预见性地来制作幻灯片，而观众也能清晰明确地了解幻灯片要传达的信息。

说一个题外却又很重要的例子。在第 1 章中，我们说到了 iPhone 为了构建主界面的秩序性，将图标都统一限定在一个“圆角”矩形里的（这个形状本身也有一个网格系统），这个做法在很多手机主界面设计中都有采用，不过不同品牌之间会采用不同的比例来区分。而锤子手机的主界面是拟物的，图标没有统一轮廓，也不适宜于外加一个轮廓，那它是如何构建主界面的秩序性的呢？

答案就是网格。那 iPhone 没使用网格吗，当然不是。两者的区别在于一个是“隐性”的，一个是“显性”的。如图 2.32 中所示，iPhone 主界面没有网格线，但图标的分布很明显地呈现出网格特点，而锤子手机的主界面能隐约看到网格线。注意锤子手机图标采用的也是面积对齐，而不是边界对齐。

然而这些做法并不是它们的“专利”，古人早就明白了“阡陌交通，鸡犬相闻”，分地为“田”，由甲骨文演变至今。

图 2.32

幻灯片中的类似处理（见图 2.33）

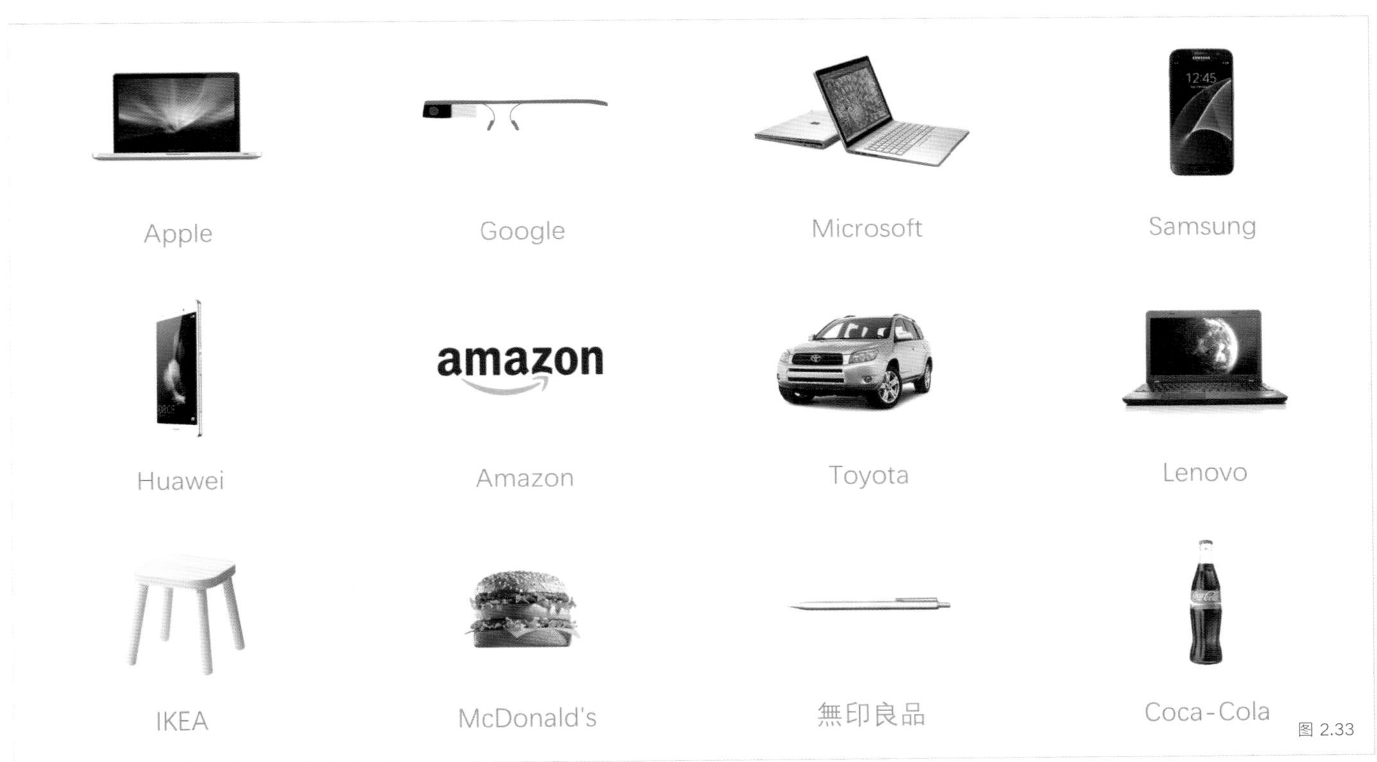

图 2.33

图 2.33 这张幻灯片将 16：9 的版面分成 4×3 网格，每一格比例都是 4：3。

可能你已经注意到，前面的版心、页边距、分栏等内容都是从书籍谈起并将这些概念引入到幻灯片中来，然后讨论在幻灯片中的特点和运用。使用书籍举例的一个最大好处就是它很常见。不过很多书的版式并不怎么讲究，我个人对书的要求比较高，除了封面要讲究，版式也要比较吸引人，既不会让我觉得看着很累，又不能浪费纸张，这样我才会考虑购买，当然，内容是前提。否则我可能只会找找电子版，或者去图书馆翻阅一下。我相信大家一定都看过一些在版式上非常吸引你的书籍，这些书籍一定经过精心设计，最为明显的一点在于，这些书基本都很好地运用了网格。

如图 2.34 与 图2.35 所示，我对书籍版面设计使用的网格进行了近似划分，呈现出了基本框架，浅橙色区域代表书中的彩色图片，浅灰色区域代表书中的文本区域，有一个较深一点灰色的区域代表一张色调比较暗的黑白照片，我只是进行了一个大致的划分，原版式可能使用了更细致的网格。在书籍和杂志中，一个网格的整体框架会贯穿整本书，这也非常符合和谐统一的原则，一本书在进行版式设计时，往往需要先基于开本来确定网格系统。

网格是一个比较“死板”的东西，确定下来就需要根据这些参考线严格排版布局，但在同一个网格系统中，也是可以做到“和而不同”[①]的，呈现出很多不同但却统一的页面，不同是因为内容可以变化，留白也可以在其中运用，小的格子也可以组合成大的格子，而统一则是因为它们的骨架基于同一个网格系统。

① “和而不同”这个词在雅典奥运会全景图形一节也提到过，我用这个词加了引号，想表明的意思与《论语》中是不同的，此处指统一中又含有变化。可以说，雅典奥运会的全景图形是网格的一个高级形式，它的变化更加微妙。相比之下，网格运用更简单广泛，也适用于一些幻灯片中。

(a)

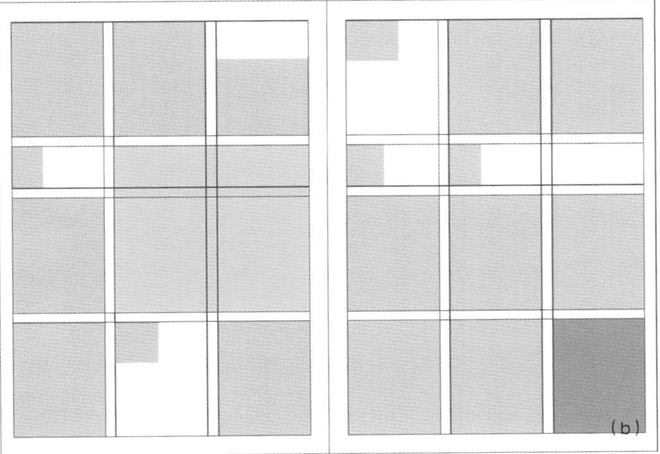

(b)

图 2.34

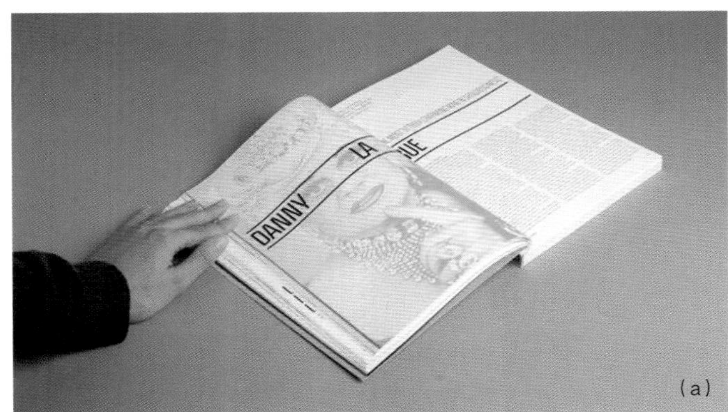

(a)

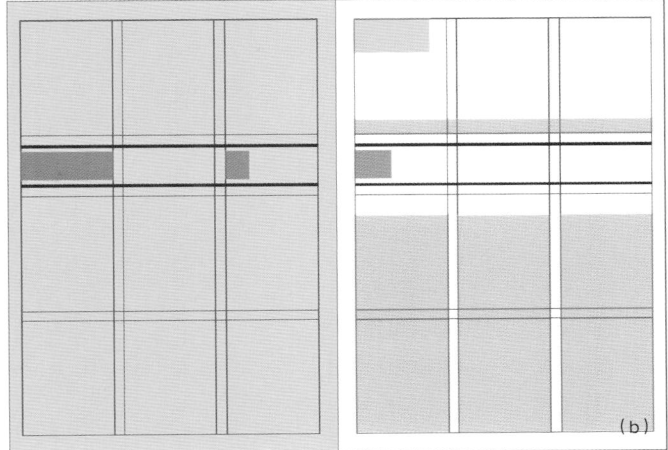

(b)

图 2.35

不知道读者有没有注意，我们几乎不会在一场演示中看到每一张幻灯片都有相同的网格系统，甚至我们都看不到明确的网格，这与之前的书籍完全不一样。原因其实很简单，这些演示用的很多幻灯片中能够对齐的元素都很少，又如何能形成明确并且统一的网格呢？但是，只要幻灯片中元素一多，如图 2.37 所示，苹果公布新售价了，需要列出好几个产品及相关元素，这时候，网格就马上显示出来了。留出一定页边距，五个产品，五个起售价，对应版面五个分栏，每个分栏分为上下两部分：上面部分是图片区，手机的效果图按照尺寸大小比例显示，且姿态一致，底端对齐；下面部分是文本区，文本区用了相同的细线进行分割，这条长度保持一致的细线很好地保持了五个分栏的一致性，在这里是非常重要的。

如果图 2.37 这张幻灯片的网格系统直接搬到图 2.36 这张幻灯片，是无法看出明显关系的。因为图 2.36 这张幻灯片可能没有使用网格，或者是使用了另一个网格系统。如果是使用了另一个网格系统，则很有可能是将版面分成了三栏（见图 2.36），采用最基本的居中构图，然后用栏宽来控制图标的宽度。

这两张幻灯片其实已经基本反映了幻灯片中网格的运用，当有条理的内容增多到基本能撑起整个版心时，各种对齐线参考线的运用，使得网格系统自然呈现。幻灯片中的网格和版心一样，都比较自由，而不是说同一个演示文稿中就只能有一种分栏形式，在这一点上，形式仍然是服从于内容的。

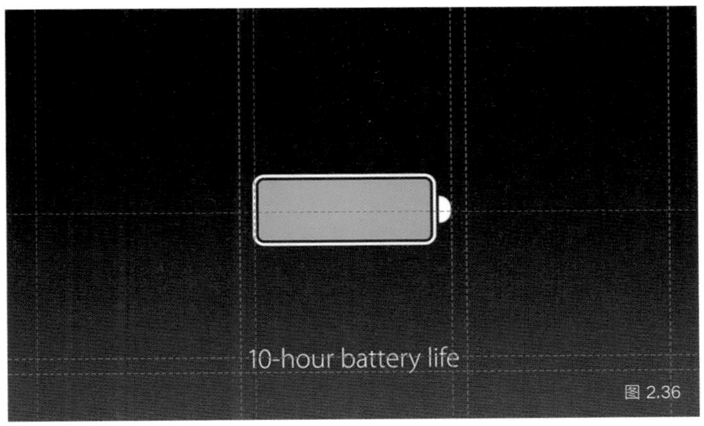

图 2.36

图 2.37

图 2.36 与图 2.37 这两张幻灯片来源于苹果公司于 2015 年在旧金山的比尔·格雷厄姆市政礼堂举行的秋季新品发布会幻灯片截图。

幻灯片中的网格运用举例（见图 2.38）

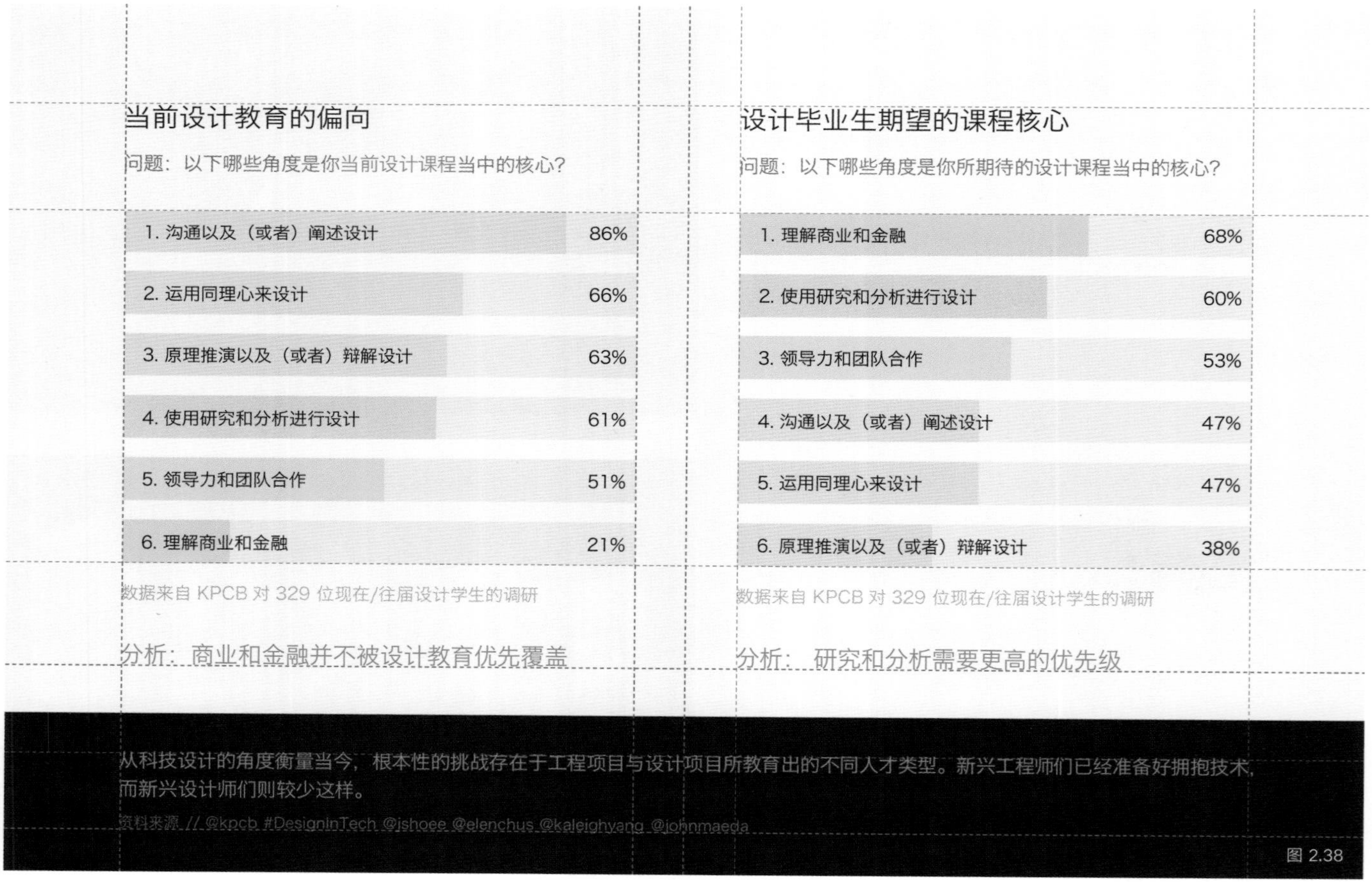

当前设计教育的偏向

问题：以下哪些角度是你当前设计课程当中的核心?

选项	比例
1. 沟通以及（或者）阐述设计	86%
2. 运用同理心来设计	66%
3. 原理推演以及（或者）辩解设计	63%
4. 使用研究和分析进行设计	61%
5. 领导力和团队合作	51%
6. 理解商业和金融	21%

数据来自 KPCB 对 329 位现在/往届设计学生的调研

分析：商业和金融并不被设计教育优先覆盖

设计毕业生期望的课程核心

问题：以下哪些角度是你所期待的设计课程当中的核心?

选项	比例
1. 理解商业和金融	68%
2. 使用研究和分析进行设计	60%
3. 领导力和团队合作	53%
4. 沟通以及（或者）阐述设计	47%
5. 运用同理心来设计	47%
6. 原理推演以及（或者）辩解设计	38%

数据来自 KPCB 对 329 位现在/往届设计学生的调研

分析：研究和分析需要更高的优先级

从科技设计的角度衡量当今，根本性的挑战存在于工程项目与设计项目所教育出的不同人才类型。新兴工程师们已经准备好拥抱技术，而新兴设计师们则较少这样。

资料来源 // @kpcb #DesignInTech @jshoee @elenchus @kaleighyang @johnmaeda

图 2.38

幻灯片中的网格运用举例（见图 2.39）

“有好的设计就会有好的商机”已成为事实，并将持续发展优化
时间线
为大公司服务的传统型设计的诞生
企业标识 + 图片和产品风格
现代产品设计公司诞生
从传统型设计到
系统 + 服务型设计
设计思维及策略的诞生
为设计师提供
创造性解决问题的技巧
设计思维成为整体商业策略的主流
B-School to D-School
1950年代 - 通用GM
1940，通用汽车（GM）首席执行官把 Harley Earl 提拔为副总裁，首首次确立了设计职务在公司高层的位置。
1969年 - frog design
frog design ×
1969年，Hartmut Esslinger 创立设计事务所。从1982年起，在 Hartmut Esslinger 的指导下，苹果公司形成自己的设计语言。
2004年 - d.school
Institute of Design at Stanford
斯坦福大学设计学院，集成了业务和管理培训与更传统的工程和产品设计教育。
2015年 - IBM
IBM
Phil Gilbert 领导了 IBM 1 亿美金豪赌，誓将设计带回 IBM。
1966年 - IBM
IBM
Good design is good business
IBM首席执行行官 T. J. Watson Jr. 在给员工的备忘信中谈到：“Good design is good business.”
1991年 - IDEO
IDEO
David Kelley、Bill Moggridge、Mike Nuttall 联合创立了 IDEO，改变了设计格局。
2009年 - 商业设计
THE DESIGN OF BUSINESS
Roger L. Martin 在他的著作《The Design of Business》中描述了公司最高执行管理层的设计思维。
2015年 - 设计思维
Harvard Business Review
THE EVOLUTION OF DESIGN THINKING
Tim Brown 和Roger L. Martin 为哈佛商业评论（HBR）开辟了有关“设计思维的进化”的介绍篇章。
SAP 和 P&G 是早期在管理层采纳“设计思维”的少数几个公司之一，但回顾历史，像 GM 和 IBM 这些公司的 CEO 早在1950年代就对将设计作为竞争优势产生了浓厚的兴趣。
资料来源 // @kpcb @philgilbertsr @ibmdesign @frogdesign @ideo @stanfordschool @harvardbiz @proctorgamble @nytimes @rogerlmartin @business

图 2.39

幻灯片中的空间关系

幻灯片是一个二维的平面，空间关系涉及三维。用平面来体现空间关系，这与写实绘画，摄影是相似的。读者平常制作幻灯片的时候，需要注意这部分内容，但不必须熟练掌握和运用。

演示软件中有两个样式与空间关系密切相关。一个是阴影，一个是渐变（特别是色彩明度上的渐变），这两个样式可以使用，但是要慎重使用（三维格式更加要注意慎用）。很多幻灯片中，这些样式的不当使用会使整个演示文稿非常难看，因为阴影和渐变往往涉及到空间关系，这需要我们对光和影有一定的了解。

在空间关系处理中，往往需要自己先拟定一个光源方向，在幻灯片中也是一样，如果要引入空间关系，那么在同一张幻灯片，甚至同一个演示文稿中的元素都应该保持全局光，即光源方向保持一致。所以在一般情况下，如果在同一张幻灯片中出现了杂乱的不同方向的阴影，那么这张幻灯片是有问题的。如图 2.40 所示，在一个平行线光源环境下，物体阴影的形成是有规律的，方向是一致的，在幻灯片中同样如此，如果要在幻灯片中拟定虚拟光源的方向，一般也是平行光源，可能从上方入射，也可能从左上方或者其他方向入射，也有可能是点光源，光源及其方向都会影响到阴影。

一定形体结构、一定材质的物体受光的影响后在自身不同区域会有明暗变化，会形成高光、亮灰部、明暗交界线、暗部、反光等等，这是西方绘画体系素描教学中的内容，渐变的使用与之相关。

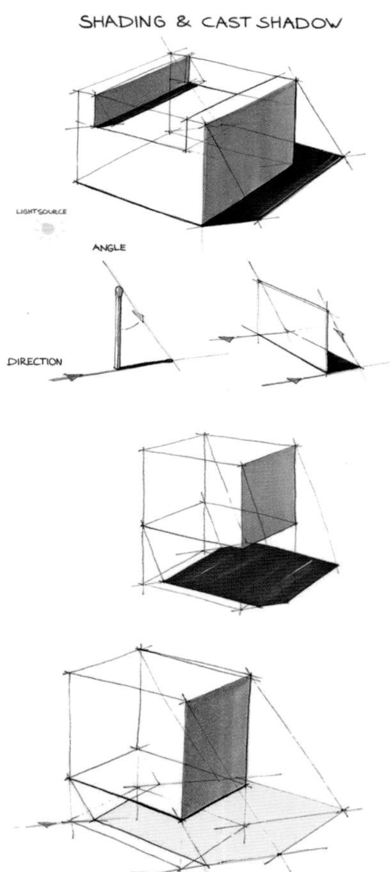

图 2.40

在幻灯片中，扁平和拟物可理解为相同信息呈现的不同方式，比如同样是一个放大镜，拟物的处理方式就是绘制出一个非常像放大镜的东西，相比之下，扁平的处理方式可能就是一个圆环加一条线段作为放大镜的示意。在过去的几年时间里，用户界面中拟物到扁平的变化一直是一个大话题。扁平去掉了多余的透视、纹理、渐变以及能做出 3D 效果的元素，变得抽象化、简单化、符号化。

对于幻灯片而言，由拟物到扁平的变化，对众多幻灯片制作者来说，无疑是一种“生产力的解放”。形式上变得简单意味着其可操作性比较高。演示软件作为一款大众化的软件，扁平的呈现方式会让使用者容易接受和掌握，而拟物却由于对操作要求过高，不容易掌握。像图 2.41 中的 3D 小人，前几年可能还经常在模板中见到，现在却很少用了，因为要找到合适的素材都是比较麻烦的一件事，可能还需要购买，而这本是完全没有必要的，在幻灯片中，扁平的普及是一种趋势。不过，拟物也有其优势，比如质感较强、画面感更真实细腻等，因而也需要更多的学习成本与时间成本。

扁平和拟物为幻灯片提供了两种思路。对于绝大多数情况下的幻灯片而言，熟悉扁平的做法是足够的。需要自己去绘制效果图的情况是非常少的，大型的产品发布会有更专业的人员或团队提供渲染图，而一般情况下要用到一些渲染图都会通过网络进行搜索。在和谐与统一这一点上，也需要注意，比如不要将扁平的图标和拟物的图标混用在一张幻灯片中，除非幻灯片本身就是为了展示图标。

图 2.41

幻灯片中拟物的做法举例（见图 2.42 与图 2.43）

图 2.42

图 2.43

图 2.42 和图 2.43 为幻灯片中文字的拟物处理，有光影变化。图 2.42 所示幻灯片来源于魅蓝发布会。图 2.44 所示幻灯片利用了虚实远近上的对比关系。

空间关系的运用举例（见图 2.44）

图 2.44

构成复杂的幻灯片制作举例

构成复杂的幻灯片，信息量比较大，一般用于阅读浏览。很多时候，一张这样的幻灯片就能讲一个完整的故事，比如本节的两个举例（在之前网格示例中已经出现），对于这些构成比较复杂的幻灯片，我们需要做以下这些事：

整理和归纳信息内容 / 对信息内容进行优先级排序 / 用网格系统对版面进行规划 / 将内容和版面模块化地对应 / 选择合适的样式（包括字体颜色等等） / 最后调整细节

本节两个举例幻灯片的内容均摘自 KPCB 的一份报告《科技中的设计 DesignInTech Report》，这份报告本身经过了排版，我将其进行了一次再制作，进一步将网格系统贯穿其中。第一张幻灯片的内容如下：KPCB 通过对 329 位现在 / 往届的设计专业学生的调研，得到两组数据来分析当前设计教育。两组数据涉及六个课程核心选项，学生根据问题从六个选项中做出选择。

问题一：以下哪些角度是你当前设计课程当中的核心？

具体的统计情况为：

沟通以及（或者）阐述设计 86% / 运用同理心来设计 66% / 原理推演以及（或者）辩解设计 63% / 使用研究和分析进行设计 61% / 领导力和团队合作 51% / 理解商业和金融 21%

问题二：以下哪些角度是你所期待的设计课程当中的核心？

其统计情况为：

理解商业和金融 68% / 使用研究和分析进行设计 60% / 领导力和团队合作 53% / 沟通以及（或者）阐述设计 47% / 运用同理心来设计 47% / 原理推演以及（或者）辩解设计 38%

两个问题分别反映了当前设计教育的偏向和设计专业学生的期望，统计结果表明：商业和金融并不被设计教育优先覆盖以及使用研究和分析进行设计需要更高的优先级。

结论是：从科技设计的角度衡量当今，根本性的挑战存在于工程项目与设计项目所教育出的不同人才类型。新兴工程师们已经准备好拥抱技术，而新兴设计师们则较少这样。 我个人觉得这个结论有点牵强。不过结合整个报告来看可能好一点。

信息整理归纳完成，在优先级的处理上，不会有特别强烈的对比，一般就是颜色和字号上的处理。下一步可以根据信息内容用网格对版面进行规划，两个图表对应两栏，结论置于页脚区域，注意控制好页边距。这三大块内容中，百分比统计图表需要进行版面区域的细分，此处统计分类较多，统计和也不是 100%，不适合使用饼图，选用百分比条形图比较合适，另外，统计图表的文本信息由于版面空间限制需要添加在条形这一图层之上。

在图 2.45 所示幻灯片的设计与制作过程中，有两根严格左对齐线。两个调查问题的统计与分析内容严格左对齐是出于内容上的联系，而第一个问题的统计分析与结论文本对齐主要是构图上和版心的边界对齐，同时留出了适当的页边距。在信息内容优先级的处理上，主要是调整颜色和字号大小。优先级最低的是数据来源的说明以及资料来源的说明，因此这两部分与背景的对比比较弱。其他信息内容是连贯下来的，对其中一些关键词进行了强调。在统计选项中，对我们更加关注的选项使用了颜色进行强调。

间距上，仍然按照亲密性的原则来处理。比如条形图之间的亲密性高，因而间距比较小。统计结果分析部分比较独立，因而上下两侧间距都比较大。在选择背景色的时候，没有使用纯白色。而是用的非常浅的灰色，考虑到这个文稿主要用于 PC 端浏览，使用很浅的灰色视觉效果可能更友好一些，也方便在本书中进行排版。

图 2.46 所示幻灯片的制作类似，它的内容更多，对整张幻灯片的内容做一个展开，可以做出一个完整的演示文稿，这张幻灯片上的信息内容讲述了一个完整的故事。用关键时间节点发生的关键事件串起来，八个时间节点分为四个阶段，因而很明显可以用四个分栏，每个分栏中对应一个阶段和两个节点，借助网格系统[①]为其构建秩序。这时候，其实整个框架就出来了。小的细节比如时间的变迁使用了浅色渐变来表示等等也是水到渠成。插入的所有图片依照单纯齐一的原则通过控制尺寸比例来构建起秩序。

① 网格系统能帮助我们很有条理地处理构成较为复杂的页面。但需要一定练习才能更好地理解它。在网格的运用过程中，同样要注意对比调和，对称均衡和尺寸比例等等原则。读者可以尝试将这两张幻灯片再制作一次（图 2.45 与图 2.46，字体为冬青黑体简体中文）。

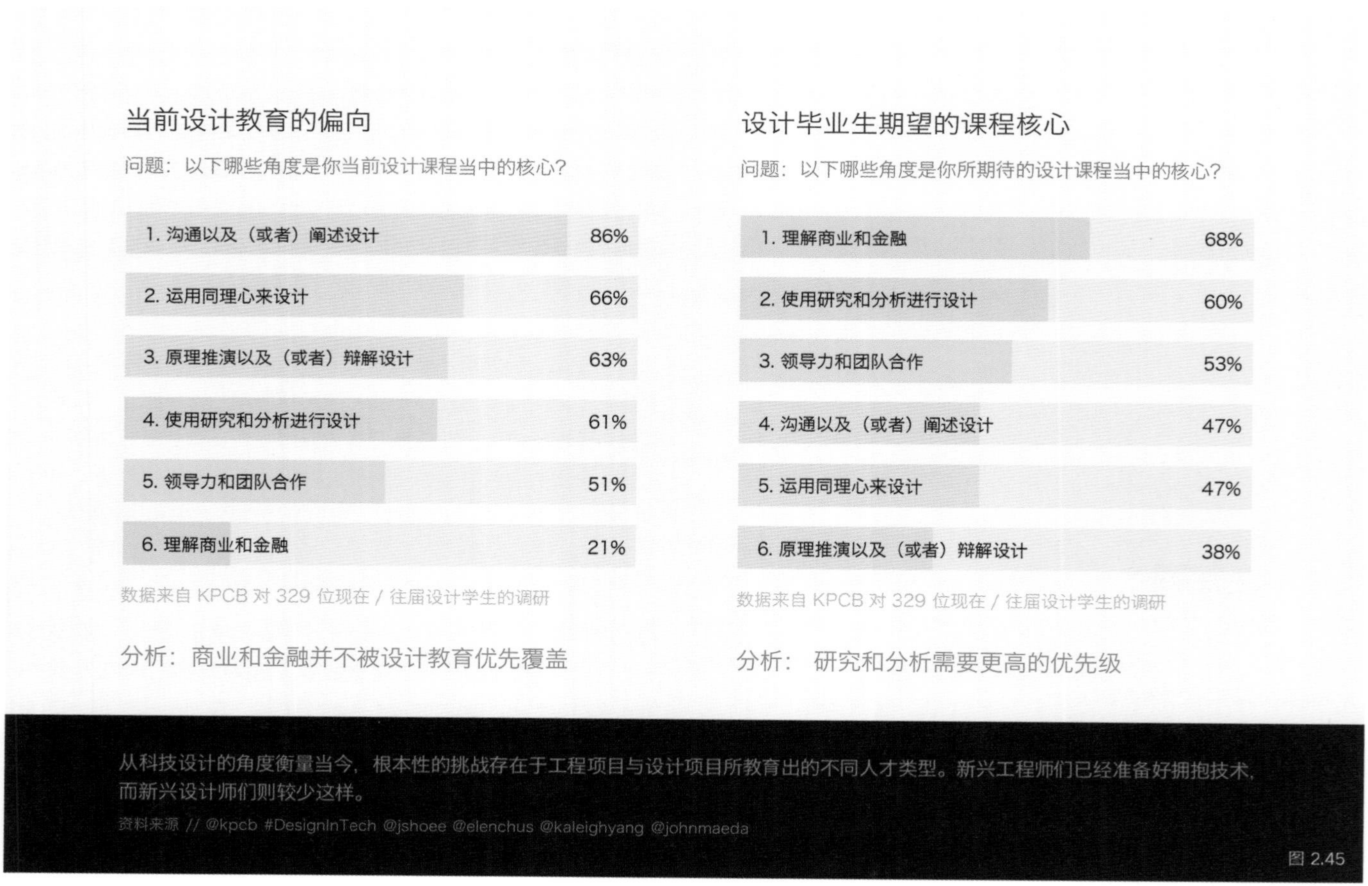

当前设计教育的偏向

问题：以下哪些角度是你当前设计课程当中的核心？

选项	比例
1. 沟通以及（或者）阐述设计	86%
2. 运用同理心来设计	66%
3. 原理推演以及（或者）辩解设计	63%
4. 使用研究和分析进行设计	61%
5. 领导力和团队合作	51%
6. 理解商业和金融	21%

数据来自 KPCB 对 329 位现在 / 往届设计学生的调研

分析：商业和金融并不被设计教育优先覆盖

设计毕业生期望的课程核心

问题：以下哪些角度是你所期待的设计课程当中的核心？

选项	比例
1. 理解商业和金融	68%
2. 使用研究和分析进行设计	60%
3. 领导力和团队合作	53%
4. 沟通以及（或者）阐述设计	47%
5. 运用同理心来设计	47%
6. 原理推演以及（或者）辩解设计	38%

数据来自 KPCB 对 329 位现在 / 往届设计学生的调研

分析： 研究和分析需要更高的优先级

从科技设计的角度衡量当今，根本性的挑战存在于工程项目与设计项目所教育出的不同人才类型。新兴工程师们已经准备好拥抱技术，而新兴设计师们则较少这样。

资料来源 // @kpcb #DesignInTech @jshoee @elenchus @kaleighyang @johnmaeda

图 2.45

“有好的设计就会有好的商机”已成为事实，并将持续发展优化

时间线

为大公司服务的传统型设计的诞生 企业标识 + 图片和产品风格	现代产品设计公司诞生 从传统型设计到 系统 + 服务型设计	设计思维及策略的诞生 为设计师提供 创造性解决问题的技巧	设计思维成为整体商业策略的主流 B-School to D-School

1950年代 - 通用GM

1940，通用汽车（GM）首席执行官把Harley Earl 提拔为副总裁，首首次确立了设计职务在公司高层的位置。

1966年 - IBM

IBM首席执行行官 T. J. Watson Jr. 在给员工的备忘信中谈到：“Good design is good business.”

1969年 - frog design

1969年，Hartmut Esslinger 创立设计事务所。从1982 年起，在 Hartmut Esslinger 的指导下，苹果公司形成自己的设计语言。

1991年 - IDEO

David Kelley、Bill Moggridge、Mike Nuttall 联合创立了IDEO，改变了设计格局。

2004年 - d.school

斯坦福大学设计学院，集成了业务和管理培训与更传统的工程和产品设计教育。

2009年 - 商业设计

Roger L. Martin 在他的著作《The Design of Business》中描述了公司最高执行管理层的设计思维。

2015年 - IBM

Phil Gilbert 领导了IBM 1 亿美金豪赌，誓将设计带回 IBM。

2015年 - 设计思维

Tim Brown 和Roger L. Martin 为哈佛商业评论（HBR）开辟了有关“设计思维的进化”的介绍篇章。

SAP 和 P&G 是早期在管理层采纳“设计思维”的少数几个公司之一，但回顾历史，像 GM 和 IBM 这些公司的 CEO 早在1950年代就对将设计作为竞争优势产生了浓厚的兴趣。

资料来源 // @kpcb @philgilbertsr @ibmdesign @frogdesign @ideo @stanfordschool @harvardbiz @proctorgamble @nytimes @rogerlmartin @business

图 2.46

3 幻灯片中的色彩

幻灯片的背景色

为什么很多产品发布会的幻灯片背景色很少用白色或者其他比较亮的颜色，比如苹果、锤子、小米等公司的新品发布会[①]？为了弄清楚这其中的缘由，我做了一个小实验，通过对照来分析幻灯片背景色、环境光、幻灯片大小等因素对投影效果的影响。希望下面的这些分析能对读者选择背景色和布置灯光有一定的帮助。

当环境光非常弱，没有自然光和人造光干扰时，暗色背景和亮色背景幻灯片投影下来的可识别性都非常好，而蓝色背景（包括其他明度适中、纯度较高的背景）的可识别性较差。当室内灯光打开，前排灯光（靠近投影幕布）关闭时，亮色背景投影下来的可识别性较好，蓝色背景的可识别性较差，其中暗色背景颜色“失真”比较明显。当前排灯光也打开时，亮色背景幻灯片的可识别性也较差。

最重要的一点在于使用投影仪将光打在幕布上时，在环境光的影响下，幻灯片上的黑色投影出来后其实并不是黑色，因为其他光源也能在幕布上产生漫反射形成反射光，因此幻灯片上的黑色和深灰色都“提亮”了，其结果是画面颜色失真，可识别性也降低。因而使用较暗的灯光布置能有效地提升投影效果。

实验中投影幕布的比例是 4：3，当幻灯片大小比例为 16：9 和 21：9 的时候，可识别性较差，主要是因为投影区域变小，使得幻灯片上的信息变小导致看不太清。我当时拍摄了很多照片，本书中选取了部分图片（见图 3.1），读者可以自行对照看一下。

---

① 与苹果，锤子，小米等公司不同，谷歌公司的发布会既有亮色背景，也有暗色背景，这主要取决于发布会举行的场合与会场的灯光环境，希望读者看完这节之后能明白其中的缘由。另外，要注意不同的投影设备对演示效果也会有影响，此处基于普通投影仪与幕布探讨。

幻灯片背景色，环境光等因素对投影的影响

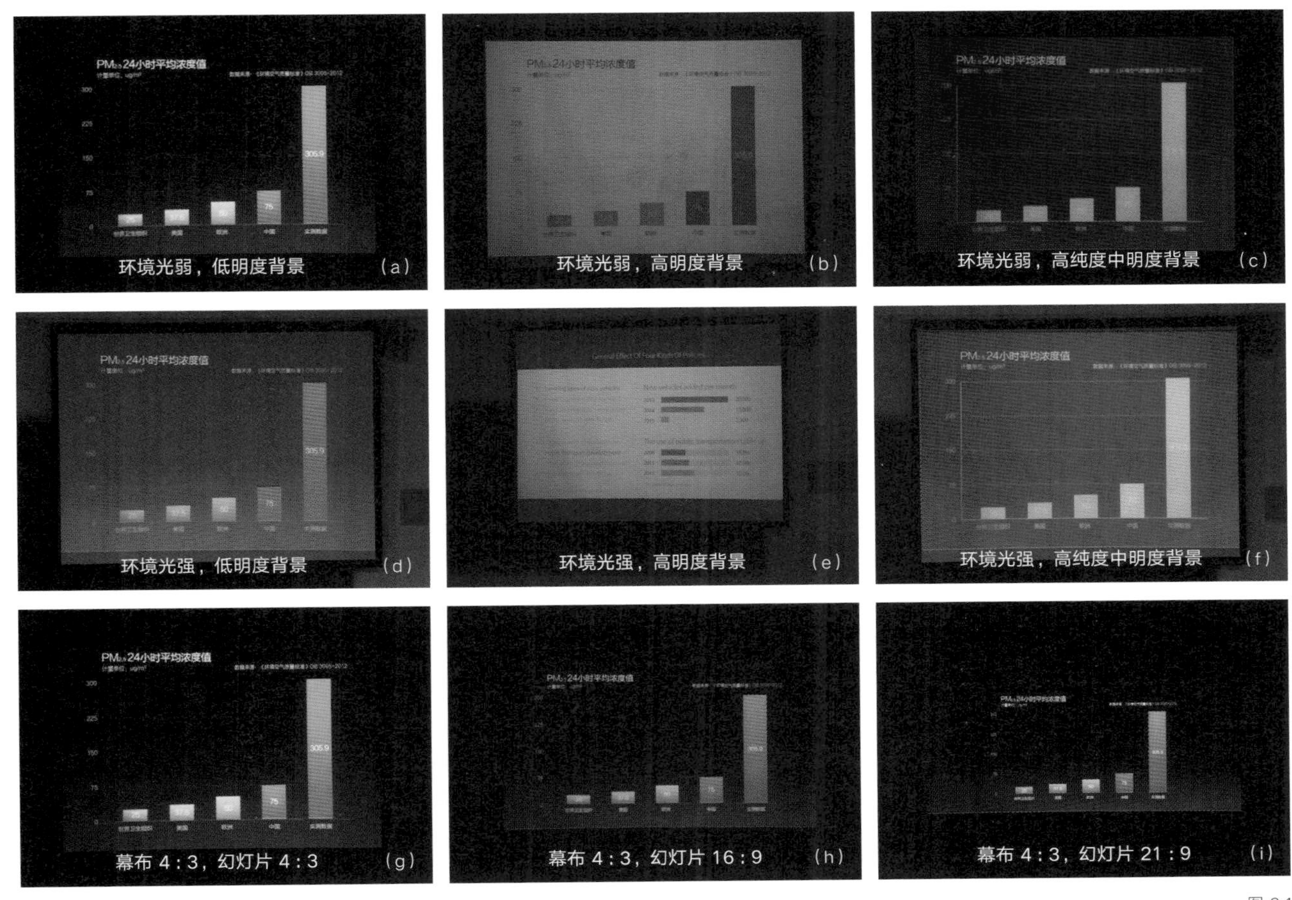

图 3.1

总结一下就是，没有环境光干扰时的投影效果更好；幻灯片大小比例符合投影幕布大小比例时的投影效果更好；彩色背景的投影效果比较差，主要是明度对比不够，而且一些中明度较高纯度背景使用不当容易产生廉价感，因此在演示场合很少见到这种背景，不过用于屏幕阅读的文稿可以考虑使用。但文章最开始提出的问题还没能回答，为什么这些发布会很少用亮色背景呢？按道理在没有太多干扰光源的情况下，亮色背景和暗色背景的可辨识度都有很好的可识别性。针对这一点，我有以下几点想法：

第一，看演示与看电影是有区别的。演示中除了投影幕布（或者屏幕），还有演讲者。如果会场布置时，拍摄机位、演讲者、屏幕处于一条线上，此时亮色背景相当于一个较强光源，拍摄时相当于逆光拍摄，演讲者可能会变成一个黑色剪影。为了避免这种情况，需要在演讲者身上适当增加一些其他人造光。比如 Elon Musk 在介绍 Powerwall 时，现场幻灯片用的白色背景，Musk 是站在荧幕旁边的，而且身上适当追加了灯光。

第二，在没有其他光源影响的情况下，暗色背景相当于“夜间模式”。举两个例子说明：晚上使用电脑时长时间浏览网页时，正常模式下很容易造成视觉疲劳，而开启夜间模式时，眼睛则会舒服一些（一些网页可以借助插件开启夜间模式）。包括很多手机上的 App 也提供夜间模式的选项，特别是阅读性比较强，长时间停留的 App，环境光很弱时使用夜间模式在一定程度上能减少疲劳。

当环境光很弱时，突然有一个较亮的光源出现在眼前，我们的眼睛会有几秒钟感觉不适，由于光照强度的强烈变化会导致人眼短时间内看不清（人眼的视觉特性）。比如晚上突然打开手机浏览信息，也会出现这种现象。进出隧道也有这种现象，因此一般隧道口都会通过增加和调整人造光，让光照强度平滑过渡，进而使眼睛能适应光照变化，避免交通事故的发生。

两个现象对应在幻灯片中，没有其他光源干扰的情况下，长时间使用暗色背景比亮色背景有利于减少视觉疲劳，以及使用暗色背景突然跳到亮色背景会造成眼睛的不适。

第三，在没有其他光源干扰的情况下，使用亮色背景时，屏幕相当于一个大的光源，能在一定程度上照亮环境中的其他事物。相比之下，暗色背景能和环境融合得更好，能让大家的注意力集中到屏幕和演讲者身上，对提升演示效果和拍摄效果也有帮助。

综上，我们在平常的小空间，比如会议室和教室，需要保持明亮的地方，使用投影时应该选择亮色背景，比如纯白，并且应该关闭前排的灯光。如果强调演示效果，条件允许自由布局灯光再考虑其他合适的方式。而大型的演示，强调演示效果和氛围，而且全场灯光可调节控制，则可以使用暗色调背景和偏暗的灯光布置，注意灯光不要与幕布冲突，避免暗色调背景直接跳到亮色背景。在舞台及演讲者身上适当追加灯光，观众区域用少量比较温和的灯光。

演示场合的会场灯光与幻灯片举例（见图 3.2）

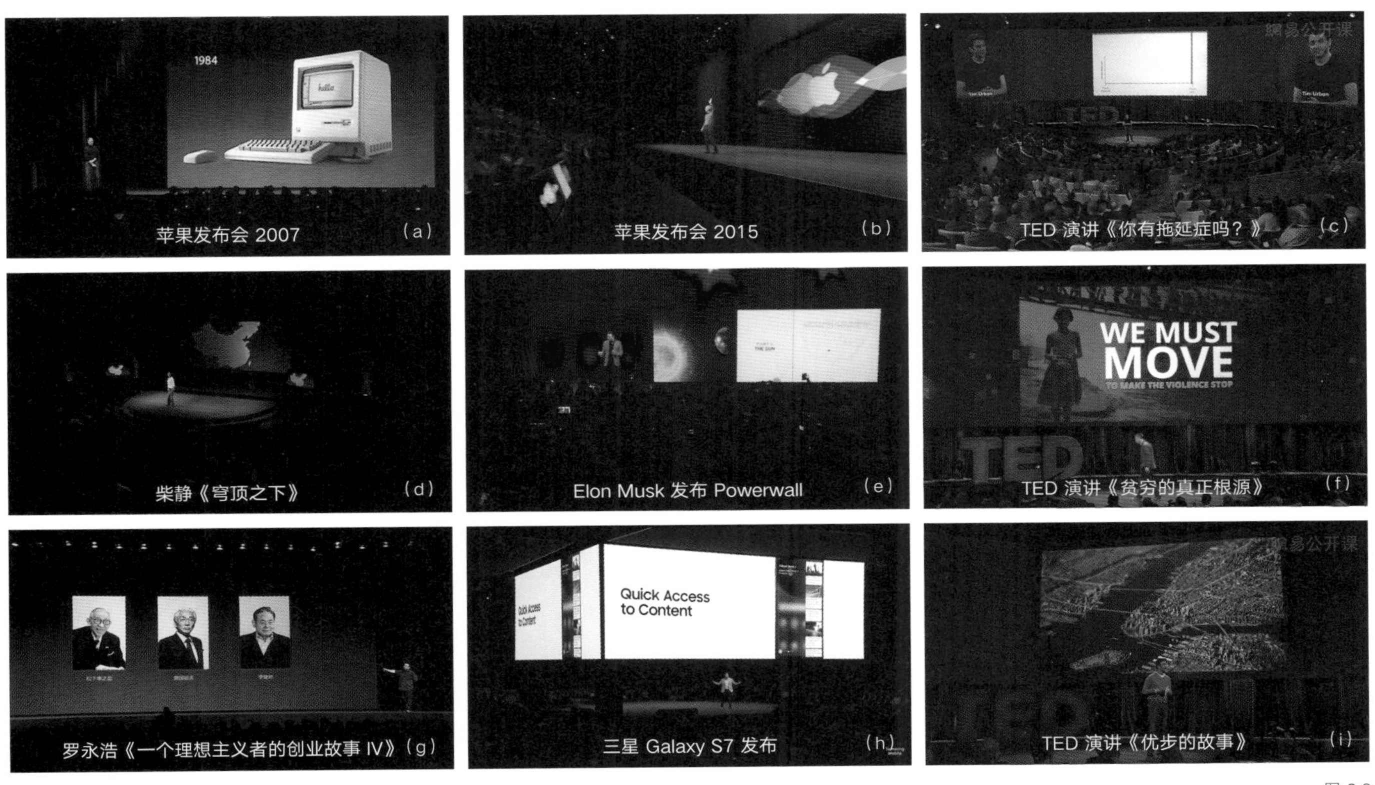

苹果发布会 2007 (a)　苹果发布会 2015 (b)　TED 演讲《你有拖延症吗？》(c)

柴静《穹顶之下》(d)　Elon Musk 发布 Powerwall (e)　TED 演讲《贫穷的真正根源》(f)

罗永浩《一个理想主义者的创业故事 IV》(g)　三星 Galaxy S7 发布 (h)　TED 演讲《优步的故事》(i)

图 3.2

三个 TED 演说者分别为 Tim Urban、Gary Haugen、Travis Kalanick。

幻灯片中的两种颜色模式

上一节仅仅讨论了选取背景色时需要考虑的一些因素，不同场合下选取不同的色彩是很有讲究的，其中可能出现了不少专业名词，在接下来的内容中，我们将会比较系统地讨论色彩本身。第一个要讨论的问题是：演示软件中的颜色是如何唯一确定的？

学过水粉画的读者会知道，在调色的时候可以通过不同颜色的颜料混合来得到一些色彩，比如黄蓝混合得到绿色，红蓝混合得到紫色，红黄混合得到橙色等等，颜料呈现出来的颜色是反射光造成的。但是显示器是直接通过发光来让人眼感知不同颜色的，它有自己的颜色标准。目前的显示器大都是采用了 RGB 颜色标准（在幻灯片中，对 sRGB 和 Adobe RGB 两者暂不做讨论），显示器通过电子枪打在屏幕的红、绿、蓝三色发光极上来产生色彩。电脑屏幕上的所有颜色，都由红色、绿色和蓝色这三种色光按照不同的比例混合而成的。屏幕上的任何一个颜色都可以由一组 RGB 值来记录和表达。在 PowerPoint 中，我们也可以根据这一颜色模式来调整颜色。图 3.3（a）所示就是 PowerPoint 中的 RGB 调色模式。

R 指的是 Red，G 指的是 Green，B 指的是 Blue，红绿蓝是色光的三基色（色彩的三原色是黄红蓝）。RGB 数值通过控制三种色光的亮度唯一确定一种颜色。RGB 的数值越高，意味着这种色光亮度越高。亮度共有 256 级，从 0 到 255 递增。当三种色光都处于最弱状态时，显示为黑色，RGB 数值为 0 0 0；当三种色光都处于最强状态时，显示为白色，RGB 数值为 255 255 255。

（a）

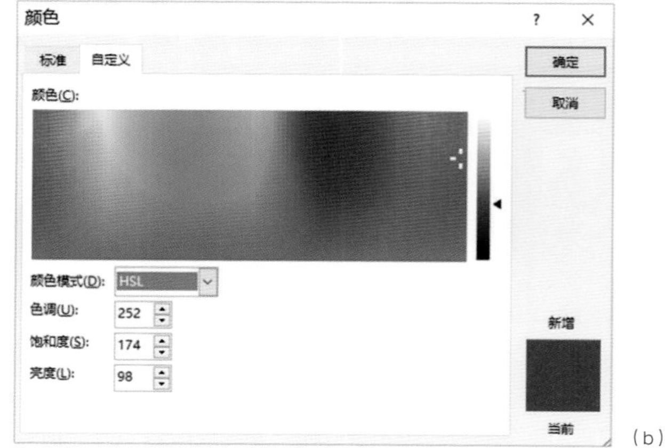

（b）

图 3.3

幻灯片中的 HSL 模式

除了色光混合模式之外，还有另一个常用的配色模式，这个模式是通过色彩三要素来唯一确定一种颜色，这个模式运用比 RGB 更加广泛，在 PowerPoint 2016 中称为 HSL 模式，需要注意的是，HSB 与 HSL 的含义稍有不同，使用 MacBook 的读者制作演示文稿时使用的是 HSB。PowerPoint 2016 中 HSL 调色模式如图 3.3（b）所示，每个要素同样共有 256 级。

RGB 模式与 HSL 模式之间存在一个算法对应，这个可以不用了解。H 指的是色相（Hue），S 指的是饱和度（Saturation，也可以叫做纯度），L 是亮度（Lightness）。色相、纯度和明度即为色彩的三要素，只要涉及到色彩之间的关系，都离不开对这三个要素的讨论。在 PowerPoint 2016 中，我们通过调整 HSL 的数值，同样能唯一确定一种颜色。需要指出的是，不同显示器因为性能差异在显示颜色的时候会存在色差等现象，如果读者需要制作更专业的幻灯片，建议选择比较专业的显示设备。

也还有其他颜色模式，比如 CMYK 模式，这里稍作了解。在 PowerPoint 中是没有这个模式的（Windows 操作系统），CMYK 是彩色印刷所采用的一种模式，由于幻灯片一般不用考虑印刷，所以此处只需了解一下即可，在 Photoshop 等软件中，是有 CMYK 模式的，软件也可以对 RGB 和 CMYK 两种模式进行转换，不过这两种颜色模式有一定区别，比如会存在有些颜色在屏幕上能显示，但不一定能通过油墨混合印刷得到的现象。

接下来详细了解色彩三要素如何工作，以及如何结合 HSL 模式数据调整和颜色面板获取颜色。在颜色面板中，颜色区域比较直观地体现了色彩的三个要素，横向是色相变化，红、橙、黄、绿、蓝、紫指的便是色相，如图 3.4（a）所示，可理解为我们平时所说的“颜色”。色相是除黑白灰以外的颜色都有的属性，黑白灰在 RGB 模式上体现为三个数值均相等，S（饱和度）的数值为 0。

颜色面板左侧的纵向是饱和度变化，由下到上饱和度变高。如图 3.4（b）所示，在 HSL 模式中，通过单一改变 S（饱和度）数值，得到纯度推移色块。饱和度较高时，RGB 数值体现为其中某一个或两个数值比较大，而另外两个或一个数值很小。当饱和度降低时，RGB 模式下的三个数值会向中间值靠拢，这个中间值取决于明度，比如图（b）中，明度为 98，RGB 数值的中间值即为 98 98 98，在变化的过程中，数值大小关系保持不变，因为色相（除黑白灰的 RGB 数值保持相等，没有色相属性）决定 RGB 数值大小关系，比如图（b）中红色在纯度降低过程中仍然保持 R > B > G，最后纯度降为 0 的时候，三个数值达到相等，均为 98。

饱和度特别高，中明度（亮度在 128 附近）颜色在幻灯片中很少大面积使用，否则比较容易造成视觉疲劳。特别是前景中还有较多内容需要分辨的时候，如果这一类颜色作为背景色往往会造成很大的干扰。这在优先级中也提及过，如果将背景设置成纯蓝，前景文本设置成纯红，那么整个画面可以用“恐怖”来形容。

在颜色面板的右侧部分，有一个明度推移条，旁边有一个黑色小三角，上下拖动这个黑色的小三角就可以改变明度。现在根据图 3 的明度推移来分析明度。明度变化时，三种色光会同时减弱或增强。明度最高时，数值达到 255，三种色光均达到最大值，得到白色；明度最低时，数值为 0，三种色光均达到最弱，得到黑色。我们在上一节中讨论的暗色和亮色，指的就是明度的高低。中高饱和度、中高明度的颜色给人“粉”的感觉，就像是用牛奶稀释了颜料一样，色彩比较明快活泼。而较低饱和度、较低明度的颜色容易给人“脏”的感觉，显得比较黯淡，就像颜料掉进了泥淖里。如图 3.4（d）所示，标注为 HSL 值（不同色彩的视觉效果不同，并不是指杜绝使用较低饱和度，较低明度颜色）。

这里用于表示饱和度和明度推移的图示是基于 Windows 系统下的 PowerPoint 2016，通过控制两个要素不变，改变第三个要素数值得到的色块推移。

色彩三要素示意图

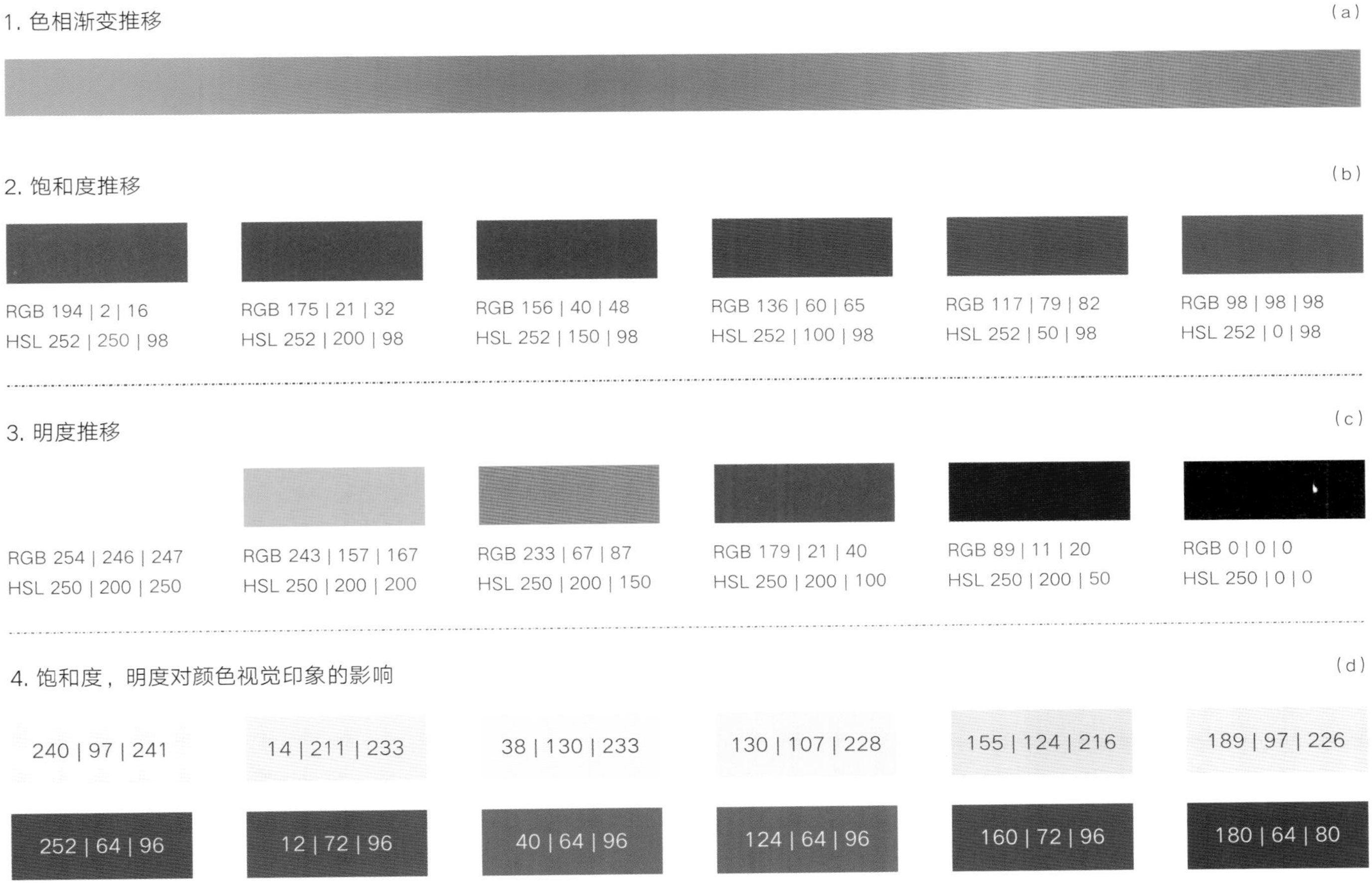

1. 色相渐变推移

(a)

2. 饱和度推移

(b)

RGB 194 | 2 | 16	RGB 175 | 21 | 32	RGB 156 | 40 | 48	RGB 136 | 60 | 65	RGB 117 | 79 | 82	RGB 98 | 98 | 98
HSL 252 | 250 | 98	HSL 252 | 200 | 98	HSL 252 | 150 | 98	HSL 252 | 100 | 98	HSL 252 | 50 | 98	HSL 252 | 0 | 98

3. 明度推移

(c)

RGB 254 | 246 | 247	RGB 243 | 157 | 167	RGB 233 | 67 | 87	RGB 179 | 21 | 40	RGB 89 | 11 | 20	RGB 0 | 0 | 0
HSL 250 | 200 | 250	HSL 250 | 200 | 200	HSL 250 | 200 | 150	HSL 250 | 200 | 100	HSL 250 | 200 | 50	HSL 250 | 0 | 0

4. 饱和度，明度对颜色视觉印象的影响

(d)

240 | 97 | 241	14 | 211 | 233	38 | 130 | 233	130 | 107 | 228	155 | 124 | 216	189 | 97 | 226
252 | 64 | 96	12 | 72 | 96	40 | 64 | 96	124 | 64 | 96	160 | 72 | 96	180 | 64 | 80

图 3.4

色环的秘密

色环是将彩色光谱中所见的长条彩色序列首尾拼接而成，比较常见的有 12 色环和 24 色环。以图 3.5 中的 12 色环为例，黄红蓝是色彩三原色，黄蓝混合得到绿色，黄红混合得到橙色，红蓝混合得到紫色，再由红、橙、黄、绿、蓝、紫六色中的相邻色混合得到橙红、红紫、蓝紫、蓝绿、黄绿、黄橙六色，由此得到 12 色环，再将这 12 色中的相邻色混合就得到 24 色环。

冷暖色

暖色调为黄、橙、红，冷色调为青、蓝，中性色调为紫，绿和黑白灰。冷暖色与人们的视觉印象相关，比如黄橙红让人联想到太阳、火焰等，青蓝让人联想到海洋、蓝天。冷暖也是相对的，比如红紫偏暖、蓝紫偏冷。冷暖色的选择往往会视具体情况而定，在很多情况下，不需要明显的冷暖倾向，用中性色，甚至直接用黑白灰也是可以的，包括一些高端品牌也非常喜欢用黑白灰的配色。

互补色

色环中相距 180°左右的两种颜色互为补色（可以根据互补角来记忆），它们构成色相对比最为强烈的色组，比如黄紫、红绿、蓝橙等。而我们经常说的红配绿、黄配紫就是指补色色组，而且一般指高纯度，中明度的红绿和黄紫，这样的搭配的确会让人很不舒服，对比太强烈，但这并不意味着补色是“水火不容”的。

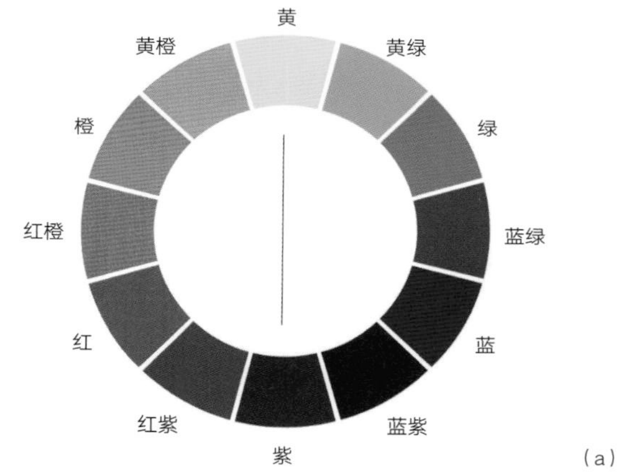

（a）

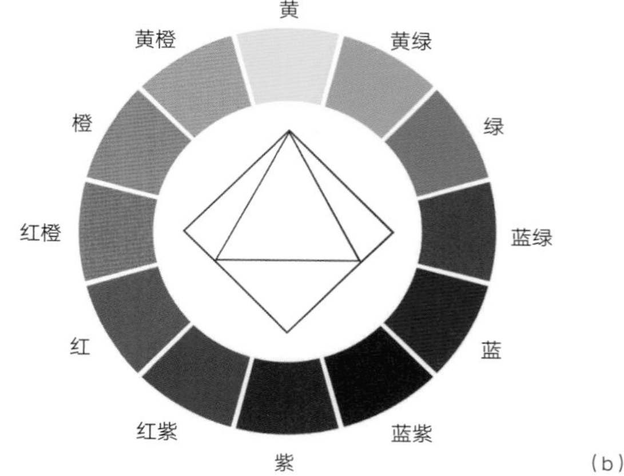

（b）

图 3.5

使用补色的例子也很常见。比如，紫金湖人，湖人队的主色就是紫色和黄色，不过这里的黄和紫经过了调和处理（调和在第 1 章中有提到），我用取色器粗略地测了下黄和紫的 HSL 值，分别为 197 170 63 和 28 219 141。从 HSL 值可以看出，相比饱和度 255，明度 128，紫色的明度降低了，饱和度也降低了，黄色的饱和度降低了，明度比 128 高一点。补色色组经过三个要素的调和，我们改而称之为“紫金”。

对比色

对比色反映在色环上相距 120°~180°，补色是色相对比最强烈的对比色。处于正三角关系的红黄蓝作为绘画中的三原色，也互为对比色，是幻灯片中常用的配色方案。对比色之间的对比属于强色相对比，容易让人产生兴奋感，商场促销使用的海报，手册经常就会使用黄红色对，能给人兴奋感和廉价感，从而刺激消费。

邻近色、类似色与同类色

邻近色在色环上相差 90°左右；类似色相差 45°左右；同类色在色相环上相差 15°左右。这三类色中同类色的色相对比最弱，比如黄色与黄绿色，黄绿色与绿色等等，因为其色相对比较弱，如果保持明度和纯度统一，能形成比较柔和的效果，在第 2 章构成复杂的幻灯片举例中就使用了这样一组同类色。

色彩的对比

幻灯片中色彩的对比与调和也是基于色相、纯度和明度这三个要素讨论的，除此之外，还有一个比较重要的因素是面积。色彩的对比与调和是本章甚至整本书中最烦琐枯燥的地方，名词很多，而且比较难理解，但它是对于理解色彩搭配最为重要的部分，所以其篇幅也会比较长。

色彩的明度对比

所有的色彩都有明度值，将彩色图像转换成黑白图像，其明度关系仍然存在，不同明度的色彩在一起会产生明度对比。明度对比的强弱取决于明暗程度的差别大小，明度差别越大，画面对比就越强，视觉冲击力也越强，反之画面对比越弱，视觉效果越不明显。

明度对比的效果要强于色相对比和纯度对比，一个画面可以脱离色相和纯度，但不能没有明度对比，否则画面难以辨别。如图 3.6（a）所示，在明度强弱划分上，将黑白灰划分为低、中、高三个色调，每个色调有 3 个明度级别，按照从暗到亮排列形成 9 个级别（有些地方将明度标准分为 10 级，大致意思是一样的）。在一个图像中，明度以 1~3 级为主称为低调子，以 4~6 级为主称为中调子，以 7~9 级为主称为高调子。在明度跨度上，跨度在 1~3 级以内称为短调，跨度在 4~6 级之间称为中调，跨度达到 6 级及以上称为长调。照此划分，每一个基调又有 3 种跨度，因此，按照明度对比可以将不同的图像大致分成 9 类（见图 3.6）。

色彩的明度对比

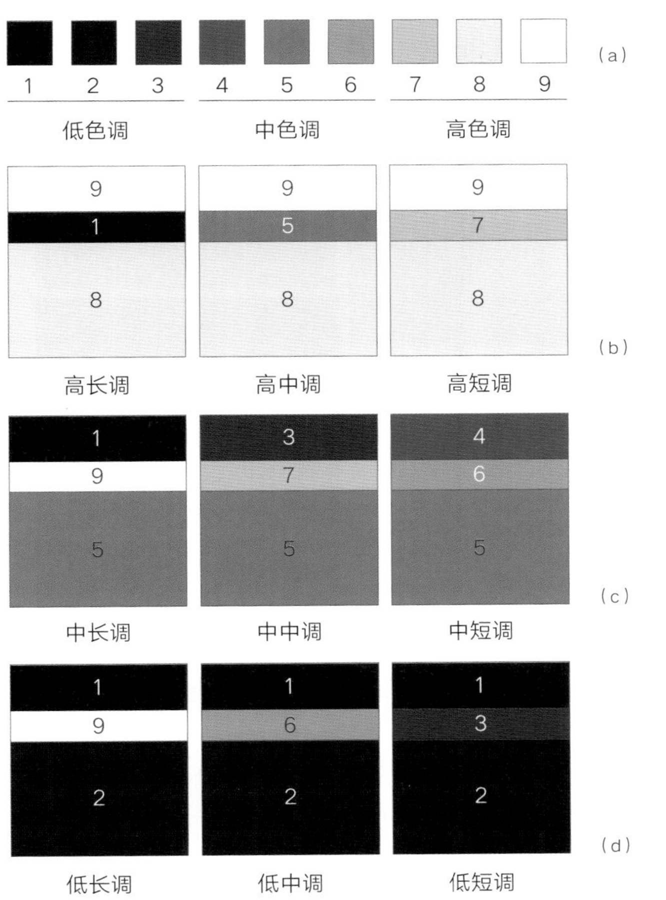

图 3.6

高长调：明暗反差大，对比强，形象的清晰度高，强烈的对比能给人较强的视觉冲击力；

高中调：画面明亮愉快；

高短调：高调的弱对比效果，给人柔和、高贵、软弱之感，画面显得比较轻盈和朦胧，能给人女性色彩印象；

中长调：画面有高调色和低调色对比，画面稳健、有力，能给人男性色彩印象；

中中调：中中调有两种，一种明度跨度在低与中之间，另一种明度跨度在中与高之间。画面比较丰富饱满；

中短调：画面清晰度较差，显得呆板，又有点含蓄、暧昧，抑或是压抑、阴森的味道；

低长调：低调的强对比效果，画面比较严肃，有力量感，有时候艺术效果比较强；

低中调：画面厚重、沉默；

低短调：深暗的画面中有弱对比，显得阴暗、低沉，感觉十分压抑，让人透不过气；

以上根据明度对比分析 9 种不同种类图像的特点时没有考虑色相和纯度的影响。下面我们通过一系列的图像（见图 3.7）来分析明度对比与画面的关系。这些图像中有摄影作品、有画作、有产品渲染图、有家居图、有发布会视频截图等等。

图像中的明度对比分析

图 3.7

图像中的明度对比分析

图 3.8 所示的色彩组合的示意图和图 3.7 是一一对应的，明度基调基本由高到低。在明度对比的基础上，色相和纯度也会对有色相属性图像的视觉效果产生影响。

图 3.7（a）是 MacBook Pro 的效果图，机身上由于产生光影而得到不同明度的颜色，图像介于高长调和高中调之间，形态特征鲜明，现代感比较强。我们平常做的部分演示文稿的色调，选用色彩的明度对比也大多是介于高长调和高中调之间，背景色为高明度，前景色低明度，再加上一些带色相的辅助色。比如第 2 章最后构成复杂的幻灯片举例就是采用的这种方案，它能保证很好的可阅读性，背景色采用的是很浅的灰色，文本色主要是深灰色。

图3.7（b）和图 3.7（c）是两张风景图，明度对比相似，介于高中调和高短调之间。 3.7（b）的图像效果有极简主义的味道，在纯度上，图 3.7（c）的纯度要高一点，感觉更明快，图 3.7（b）有较强的朦胧感。这两张图片都有大面积留白，这也是幻灯片选图时比较看重的要素。图 3.7（d）~ 图 3.7（g）可以一起分析，四个图像的明度对比接近，但传达出来的感觉是不太一样的。从冷暖上，图 3.7（d）~ 图 3.7（f） 偏暖，给人感觉比较亲近，图 3.7（g）冷中有暖，既给人夏季的凉爽感，却不失家的温馨。图 3.7（d）纯度比较低，色相对比弱，服装的形态和颜色都给人柔和高雅的感受，图 3.7（e）有较强的生活气息，让人感觉亲近，符合 MUJI 的自然、质朴的理念。

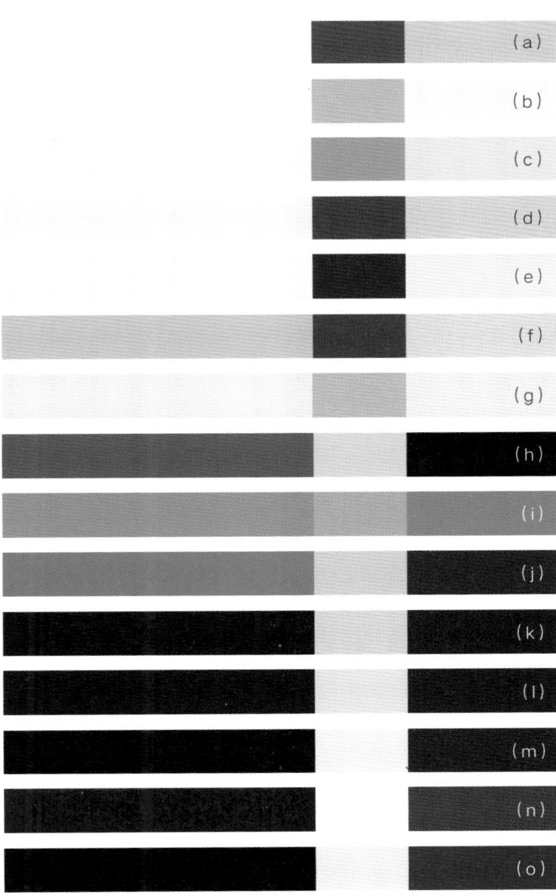

图 3.8

图 3.7（f）是孙郡的一张摄影作品，其背景色明度在这几张图中相对较低，对比也比较弱，整体画面纯度较低，再加上质感的处理，复古味到比较强烈，有点像屏风。这些图像都有明显的情感倾向。图 3.7（h）~ 图 3.7（j）是中明度基调，中明度基调在投影用的幻灯片中运用很少，中明度颜色作为背景，容易影响前景的可识别性，这在本章最前面的背景色中探讨过，中明度基调在阅读稿中使用限制较小一些，但如果文稿的内容比较多的话，不建议使用中明度、高纯度基调，因为阅读起来比较费力。图 3.7（i）是电影《迷雾》的场景，中低调，再加上低纯度基调，气氛显得压抑。

图 3.7（k）和图 3.7（l）是典型的古典主义用光，明度对比介于低长调和低中调之间。图 3.7（k）是维米尔的名作《戴珍珠耳环的少女》，图 3.7（l）是静物绘画。图 3.7（m）是低长调人物摄影，轮廓鲜明，对比强烈。图 3.7（n）是跑车场景图，低长调，具有力量感和爆发力。图 3.7（o）是柴静演讲的场景，明度对比介于低长调和低中调之间，包括演讲使用的幻灯片配色也是介于低长调和低中调之间，灯光的布置结合深蓝色背景的运用，氛围感比较浓厚，演讲话题本身也比较严肃。

低长调和低中调之间的明度对比在幻灯片中同样运用较多，可理解为“夜间模式”。需要注意的是，这些从各种图像中取出的色一般是不能直接套用到幻灯片配色中的，如果要使用的话，往往还需要先对色彩的三个要素进行调整，得到合适的配色方案。

色彩的纯度对比

色彩的纯度对比也可以和之前的明度对比一样，将纯度标准分成九级，得到纯度弱对比、纯度中对比、纯度强对比三个跨度，和低纯度、中纯度、高纯度三个基调。

低纯度基调弱对比：视觉冲击力，层次感，感染力都很弱，或柔和细腻，或给人脏的感觉（此时明度往往也比较低）。

高纯度基调弱对比：杂乱，刺激，俗艳，比如大紫大红。

在构成复杂幻灯片举例中条形图使用的三种颜色，就是纯度弱对比色组的运用。三种颜色明度一致，纯度对比较弱，主要是使用的色相的对比，来区分它们所代表的不同含义。这其实又叫做同一调和，指的是在色相、明度、纯度三要素中，各色彩之间保持其中一个或两个要素不变，而改变其他要素来构建和谐的色彩关系。

低纯度基调：常给人消极，苍白，浑浊的感觉；

中纯度基调：给人静谧，温馨，和谐的感觉，如图 3.7（c）和图 3.7（g）；

综合考虑纯度和明度，能更好地理解不同图像所传达的视觉效果，当然，同样离不开色相。色相的对比在讲色环的时候已经提到了，互补色、对比色、邻近色等等，在色环上相距越远，色相对比越强烈。其他方面，色彩的冷暖、色彩的情感、色彩的重心、色彩的面积等等同样也会影响图像效果。

在色相对比中，补色对比是最强烈的。一些艺术家会使用强烈的补色对比来追求精神刺激。在幻灯片中，使用补色的时候，一般会进行调和处理，比如在“和谐与统一”一节中图表修改使用的红绿，在柱状图中，红绿在“地位上”处于同等关系，颜色条的高度均代表交通系数的水平或其他指标。红绿也并不是无缘无故选的，红色意味着交通系数高，交通拥挤，绿色意味着在限行政策下，交通系数低，交通基本畅通。红色意味着消极的一面，绿色意味着积极的一面，这与色彩给人的心理感受是相关的。

纯红和纯绿的明度数值是 128，纯度是 255。图表使用的红绿提高了明度，降低了纯度。红色的 HSL 值为 254 167 151，绿色的 HSL 值为 105 78 169。这样的处理让红和绿变得不那么强烈，看起来更柔和。其实在选择和处理其他颜色的时候是一样的。

比如，下面这一组颜色，就可以辅助用于有多条曲线的曲线图中，用以区分不同曲线，注意曲线应该处于“同等地位”。

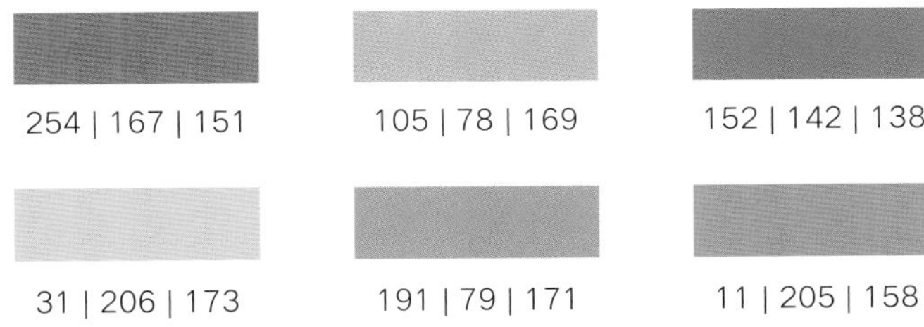

两种常见的配色基调（见图 3.9 和图 3.10）

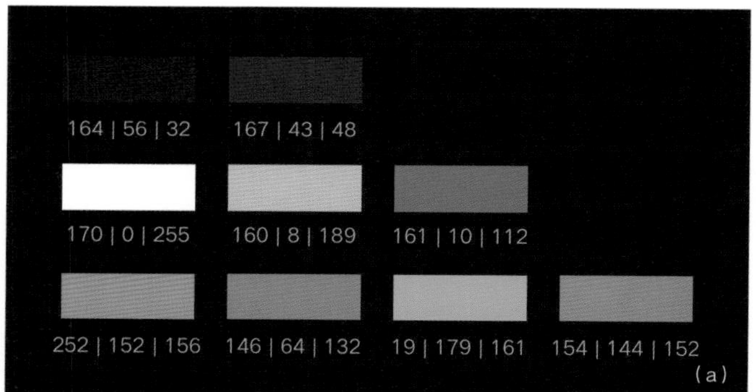

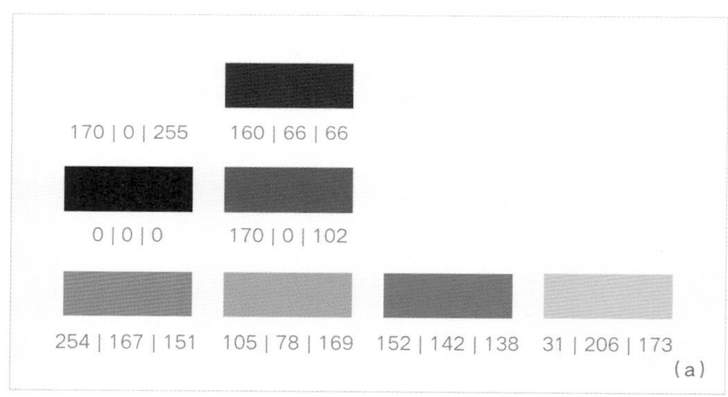

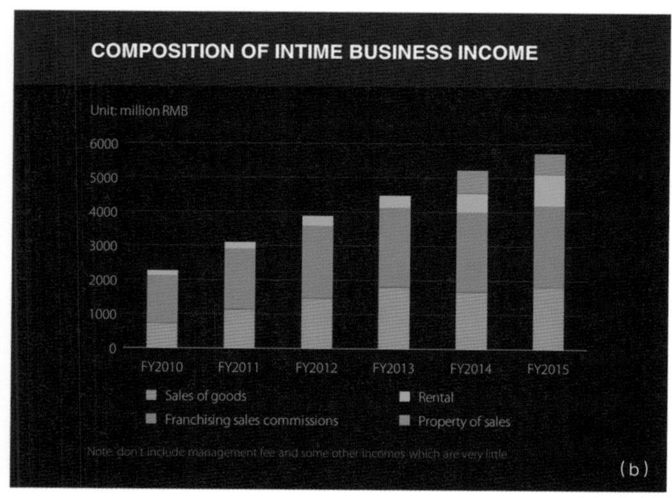

图 3.9

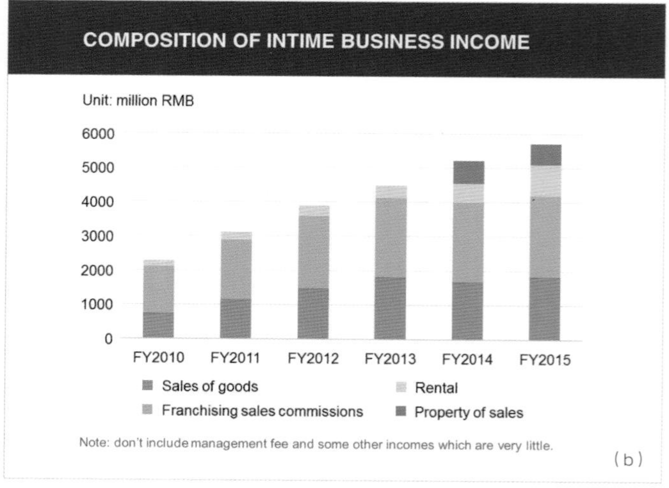

图 3.10

高纯度，中明度基调（见图 3.11）

R
Roboto Light
Roboto Light Italic
Roboto Regular
Roboto Regular Italic
Roboto Medium
Roboto Medium Italic
Roboto Bold
Roboto Bold Italic
Roboto Black
Roboto Black Italic

Proxima
Integrate
Centauran

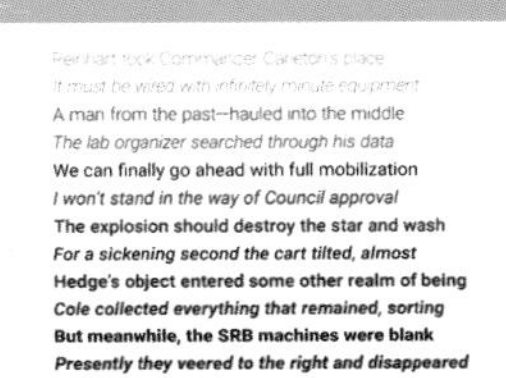

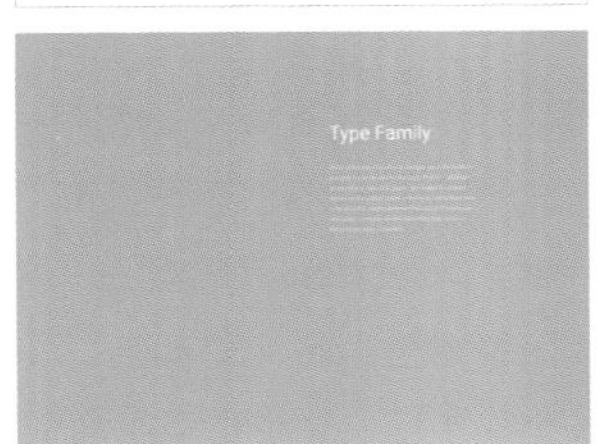

图 3.11

图 3.11 是 Roboto 字体设计修正的一个说明文稿，文稿中高纯度、中明度的蓝绿色用作了背景色，不过这个文稿并没有全部使用蓝绿色作为背景色，而是只在内容比较少的页面使用。比如内容过渡页和图片展示页等，详细内容部分的背景颜色使用的是白色。

幻灯片中的三类色

幻灯片的颜色要做到统一，必须要确定一个颜色规范，即什么样的颜色用在什么样的地方。有时候我们用主色和副色来区分一个画面中的颜色，主色一般是指画面中面积最大的色系，副色是面积相对较小的色系。比如 图 3.12 所示的无印良品 2004 年的杂志广告，画面主色为茶色，白色和黑色为副色，主色往往能准确快速地传递出画面的气氛，比如此处的杂志广告主色为茶色，偏暖，纯度较低，明度较高，能给人较强的亲近感，同时非常符合“家”这个主题。在幻灯片中，也有主副色之分，我们也可以更直观地将幻灯片中的颜色分成背景色、常用前景色和辅助色，常用前景色和辅助色一般情况下同属前景色。注意它们不是代表某一种色，而是一类色，比如背景色可以使用渐变，这时候是一系列颜色，因此，也有可能出现一种颜色既是背景色也是前景色的情况。

如图 3.13 中的图表所示，很明显背景色是很浅的灰色，常用前景色是深灰色等，主要用于与图表标题，图表中的其他文本信息的颜色，常用前景色基本上每一页幻灯片上都会出现，经常在文本上使用。辅助色是图中四条曲线的颜色，在这张幻灯片中，这四种颜色起到了强调的作用，整张图表的焦点就在这四条曲线上，也有时候，辅助色并不扮演重要“角色”，比如在点线面运用举例中引入的不同颜色细线，这些颜色起的作用是点缀了一下画面。颜色的多少依据内容确定，不宜过多，我们一般按照色相区分，并且经常将黑白灰划分为“一类色”，也经常作为常用前景色。一般幻灯片中，使用三种颜色的情况居多：即主色、副色和点缀色。

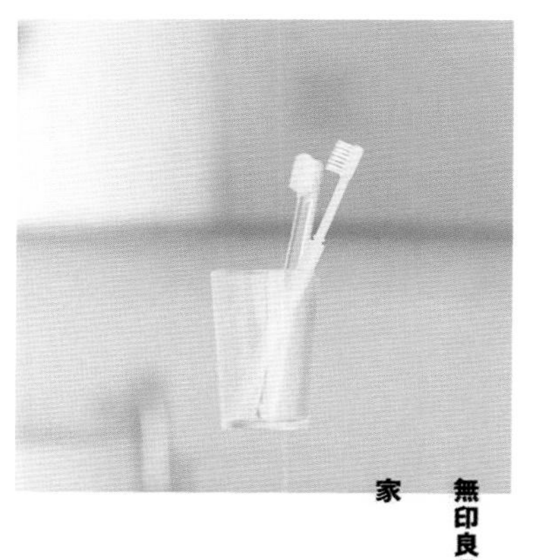

(a)

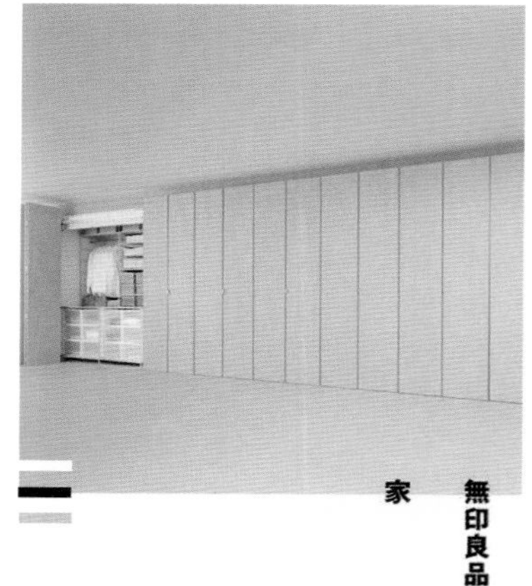

(b)

图 3.12

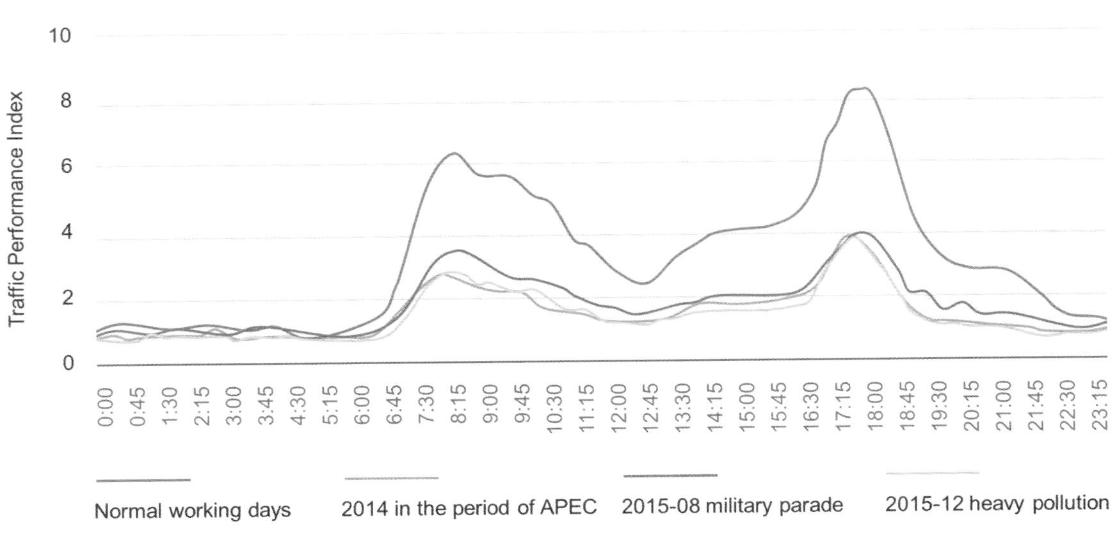

图 3.13

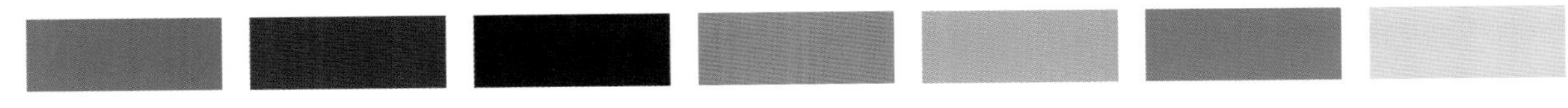

170 | 0 | 248　170 | 0 | 117　170 | 0 | 64　153 | 52 | 42　254 | 167 | 145　104 | 78 | 164　152 | 138 | 140　31 | 206 | 173

配色的不同思路

配色有一个很方便实用的工具叫做“取色器”，能识别屏幕上的颜色（工作原理就是通过获取鼠标光标当前屏幕位置上的 RGB 数值来取得颜色）。在 PowerPoint 中的图标是一个小吸管。我们可以它来提取图像上的颜色。

拿来主义

所谓“拿来主义”就是指用“取色器”从其他的图像上取得合适的幻灯片配色方案。图 3.14（a）所示的是从摄影绘画等作品上取色，这些图像上的颜色都非常多，因为有复杂的光影变化。我喜欢这张图片在于它的色彩非常美，人造光的暖色调和天光的冷色调很好地“撞”到了一起，很浓厚的夜幕烟火味。需要注意的是，这些颜色一般不能直接运用，要将这些颜色应用到幻灯片中去，需要先对色彩的三个要素进行一定调整，从而得到合适的配色方案。

图 3.14（b）是从一些设计作品中取色，比如工业设计，室内设计等等。此处取的颜色是绘画中的三原色：黄、红、蓝，纯度比较高，明度也比较高，也就是我们之前说的“粉”的感觉。图中的相机也有卡通的味道，这个配色方案显得比较年轻，相机图案使用了隔离调和①的方法。图 3.14（c）是从平面作品中取色，这些颜色有时候可以直接运用到幻灯片中去。此处同样有背景色、常用前景色和辅助色，也可视为主色、副色和点缀色。注意关系是一一对应的，如果将红色变成主色，画面关系就会发生很大的变化。

① 隔离调和：在两种对立色彩之间建立起一个中间地带，来缓冲色彩的“过度对立”，不改变色彩的原有属性。常用黑白灰，或金银铜来隔离颜色，此处仅作了解即可，幻灯片中少有运用。

(a)

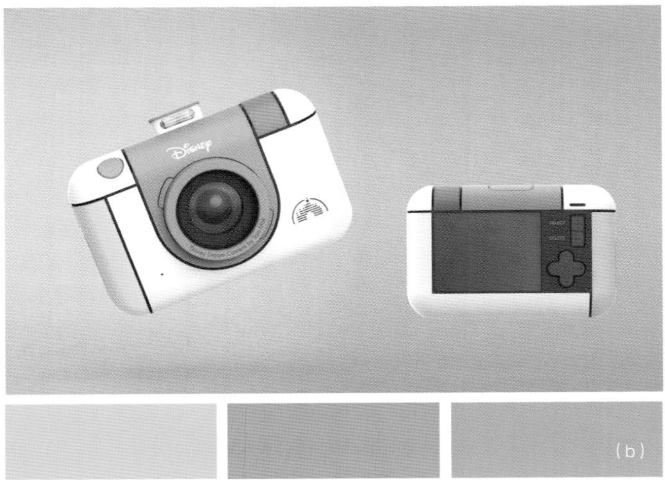
Disney

(b)

2016
RHYME
MAGAZINE
ARTEX GROUP
01
H
PHOTO
HURRICANEHANK
02
ABOUT PROJECT
The website of the online magazine Rhyme. This magazine is for fans of hip-hop and rap in Moscow.
03
COCEPT

主色
副色
点缀色

(c)

图 3.14

图 3.15（a）是扁平化的参考用色，上面提供的 RGB 数值是十六进制，使用时需要注意一下。这些颜色也并不是从中随便取三个颜色就能作为背景色、常用前景色和辅助色的，同样要根据明度、纯度和色相的关系来选择合适的颜色。

图 3.15（a）给出来的颜色其实也非常有限，只是一个参考颜色值，扁平化最重要的也并不是提供了这些参考颜色，而是提供了一种呈现信息的方式。这个方式大方简单，对于大多数幻灯片制作者来说，扁平地呈现信息，虽然没有冗余、厚重和繁杂的装饰效果，但颜色仍然是一个较大的难点，因而理解好色彩就显得很重要。需要注意的是，扁平并不意味着一定要用给定的颜色。比如图 3.15（b）和图 3.15（c），这两张图上的配色并不是图 3.15（a）中的参考颜色，但两张图呈现信息的方式仍然是扁平的。

不同的色彩能传递给我们不同的感觉，希望通过前面的这些分析能让你去思考这种感觉是如何来的，这个时候，你会开始对色彩有自己的理解，并试着通过去调整 HSL 值来获得自己想要的颜色或色组，这就是“创造”主义。创造主义也可以是来源于对取色的调整，比如从前面出现的图像中取色然后调整。但在幻灯片中，很多时候建立习惯用法①就好，也就是说，在某一类相同的情形或场合下，你不必要自己弄一套新方案，只要按照自己以往使用色彩的习惯制作幻灯片就好。在后面，也会给出一些参考方案，读者可以借鉴并进行一些调整，再用作自己习惯用法中的参考方案。

---

① 习惯用法：不止是颜色，包括其他各个要素，比如字体、图表、图片等等都可以形成习惯用法，制作演示文稿并不需要追求每一个都有不一样的特点，事实上，很多发布会的幻灯片也保持一贯性，并不会这一场与上一场很不同，习惯用法有利于提高幻灯片的制作效率。

#1ABC9C TURQUOISE / #16A085 GREEN SEA
#2ECC71 EMERLAND / #27AE60 NEPHRITIS
#3498DB PETER RIVER / #2980B9 BELIZE HOLE
#9B59B6 AMETHYST / #8E44AD WISTERIA
#34495E WET ASPHALT / #2C3E50 MIDNIGHT BLUE

#F1C40F SUN FLOWER / #F39C12 ORANGE
#E67E22 CARROT / #D35400 PUMPKIN
#E74C3C ALIZARIN / #C0392B POMEGRANATE
#ECF0F1 CLOUDS / #BDC3C7 SILVER
#95A5A6 CONCRETE / #7F8C8D ASBESTOS

(a)

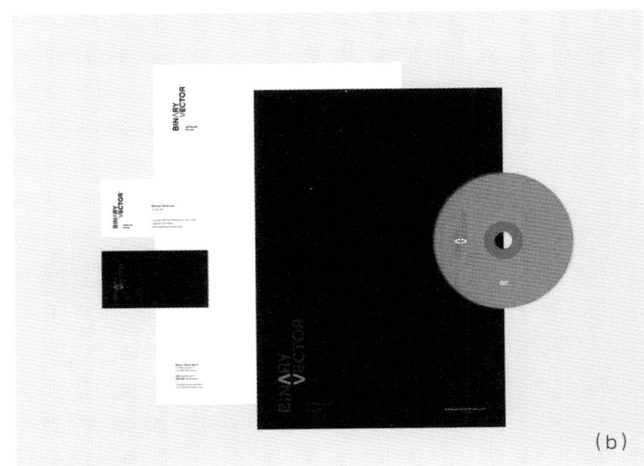

(b)

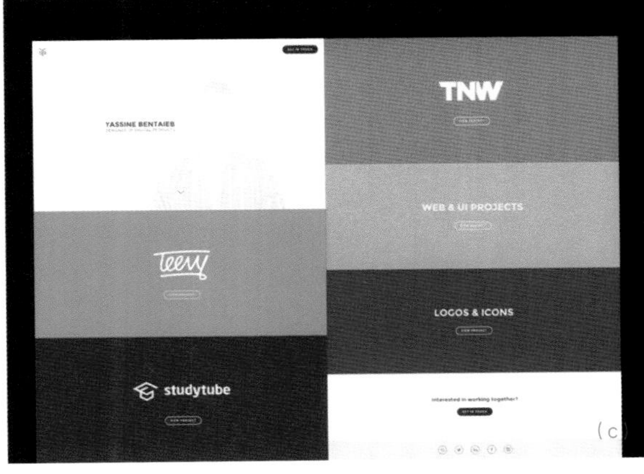

(c)

图 3.15

可参考的幻灯片配色方案①

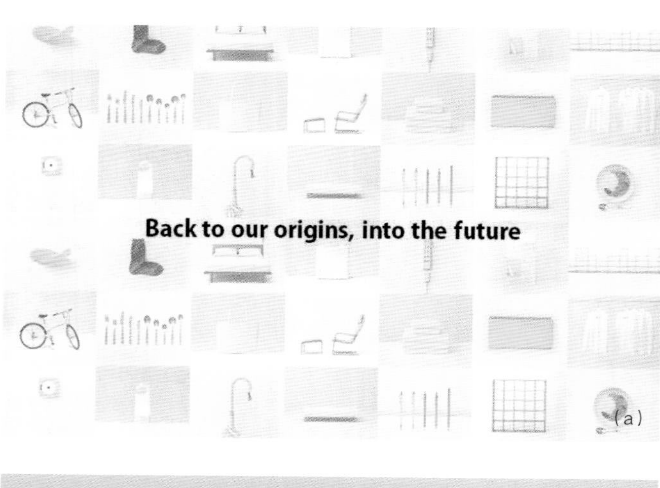

(a)

(b)

图 3.16

① 此处只是将书中出现的几张灯片的颜色规范给出，书中有很多的例子，建议读者对照其中几张，然后根据 HSL 调整出和书中相差无几的颜色，这样，也能有效地帮助你理解 HSL 和配色。图 3.17 所示幻灯片浅灰色 HSL 值为 170 0 222，红色为 249 255 67，注意印刷的显色与屏幕的显色有偏差。

可参考的配色方案（见图 3.17）

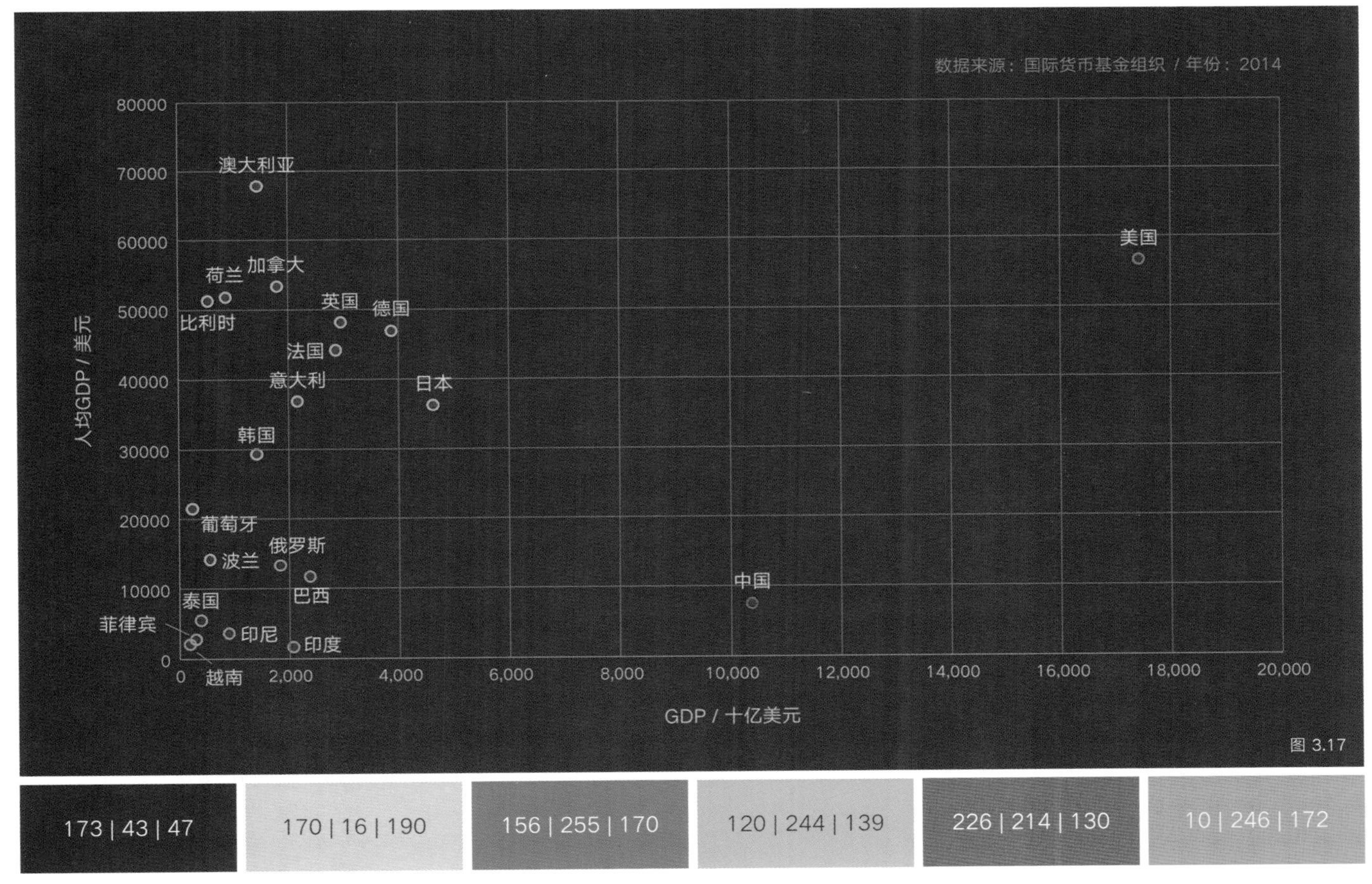

图 3.17

幻灯片中的文本框

惜字如金

不少人将演示文稿做成了讲稿，将大段的文字铺在上面，这种做法很无聊，完全没有考虑演示文稿的优势。在优先级中，就有提到幻灯片对于呈现数据图表信息、图片视频等多媒体信息方面有着巨大优势。借助幻灯片演示就需要很好地融合幻灯片与演讲的优势，幻灯片呈现的往往只是一部分较为关键的信息，有时候只有几个词汇，一两个句子。即便是用于阅读浏览的演示文稿，也需要整合和精简信息，很多时候也会对一些数据信息进行可视化处理。

从这个角度来说，其实演示使用的幻灯片很像连环画。没有那么多细致刻画的文字。绝大多数时候，一张用于演示的幻灯片不要超过 100 字，这本书栏宽能容下 29 字，100 字也就相当于 3 行多一点。也有少数的情况，幻灯片上的字数会很多，比如《2015 年，发生了很多事》这张幻灯片。

如果讲一个故事，幻灯片只需提供故事发生时的氛围，这可以借助图片，然后用标注性的文字点明时间、地点和一些演讲者认为有必要的信息即可，而不是将一个故事编辑成文，然后全部粘贴在幻灯片上。那些密密麻麻的文字应该是由演说者娓娓道来的。而对于幻灯片呈现信息的优点，有时候就不要演说者赘述，比如幻灯片上很清晰的一张图表，数据也表明了，便不需要一一地描述某一年怎样，下一年又怎样，再下一年还怎样。演讲者此时应该注重表述需要强调的信息和一些隐含的信息，比如折线图的走势往往需要提及，但不需要详细说明每一点，演示文稿的几种形式见图 4.1。

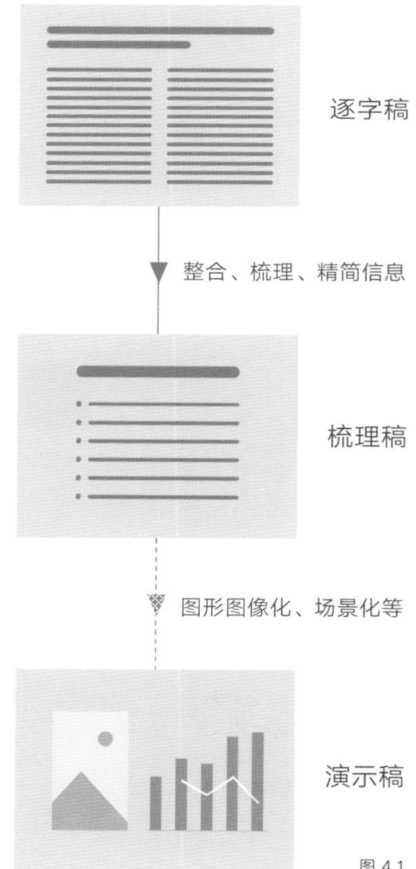

图 4.1

通过重复强化认知甚至认同

图 4.1 借鉴了 *slide: ology* 一书中的内容，此处第二个过程使用的是虚线，意味着在某些情况下，这个过程是可以舍去的，它取决于幻灯片的重要性。很多像课件这样的演示文稿，基本上有第一个过程就可以了，当然，很多梳理稿（也可以称为“阅读稿”）也是有可视化处理的，基本的图表也会要有，只不过梳理稿保留了信息的完整性，本书中的“梳理稿”多指这种情况。

精简信息是非常重要的。首先要明确信息之间的层级关系，哪些是重要信息？哪些是次要信息？哪些是无关信息？无关信息该去掉的可以去掉，次要信息该删减的要删减。重要信息如果还显得冗长，可以再看看是否可以提取关键词等等，该强调的部分根据对比调和的原则来强调。然后换一个角度来分析，哪些是表层信息？哪些是深层内容？幻灯片上往往会呈现和深层内容相关的一点表层信息，相当于制造悬念，而一份完整的数据报告则会表层和深层两者兼备，这样能方便阅读者全面地了解相关信息。

可能你会问：这么少的信息，观众能记住什么？事实上，正是因为观众能记住的信息极为有限，所以才需要这一系列的工作，比如图像化，场景化处理等等。另一方面，演讲者会通过不断地重复来一遍又一遍加强观众对于核心观点的认识甚至是认同，他们可能都明白“三人成虎”定律在一些情况下是成立的。比如乔布斯在发布会上频繁使用 revolutionary、changed the world 这样的词，来强化观众对于苹果产品的认识，甚至形成“固有印象”①。

① 固有印象：参考“刻板印象”一词改动得到，此处强调是一种好的印象，似乎人们看到 Apple 的 Logo 就能联想到这些词语，当然，这与 Apple 本身的实力与产品也有很大关系。这种现象其实很常见，比如不同品牌的汽车，有的强调它的“安全”，有的是“运动”，这些商业包装，同样体现为通过重复来强化客户的认知甚至是认同。

“我们周围的大多数人，他们工作勤奋，也经常看书学习，有的甚至有十年以上工作经验，但是为什么他们没有成为更优秀的人？现实情况是，他们在自己的领域内，几乎永远也无法达到或者接近卓越。如何成为一个领域的专家？有人觉得是靠天赋，有人觉得是靠经验，可能也有人觉得要靠运气……

心理学家 Ericsson 根据他的研究提出了“刻意练习”这样一个概念。真正的练习不是为了完成运动量，不是简单的重复，练习的精髓是要持续地做自己做不好的事。有人工作十年，刻意练习的时间可能也就百十个小时，而有人工作一两年，刻意练习的时间却达到上千个小时。刻意练习的程度决定了伟大水平与一般水平之间的距离。这也意味着，专家级水平是逐渐练出来的。”

前面的两段文字，大概 300 字，相当于一个导入，强调的关键词只有四个字——刻意练习。该如何确定呈现在幻灯片上的内容呢？前景文本大致的内容是一个心理学家提出了“刻意练习”的概念。背景可考虑使用图像化内容，刻意练习让人能联想到什么？篮球、钢琴、芭蕾……这些都是我们寻找合适图片的关键词，经过搜索图片，在演示软件中处理和编辑，得到一张匹配前面文本内容的一张幻灯片，见图 4.2。

“决定伟大水平和一般水平的关键因素，既不是天赋，也不是经验，而是『刻意练习』的程度。”
K. Anders Ericsson. 2000
Psychologist. Florida State University

图 4.2

简单认识字体

很多人制作幻灯时，选用字体的依据，往往不是“合适”，而是“好看”。我们会依据自己的对这款字体的主观判断来决定是否选用这款字体，这种想法往往是一个误区，问题在于我们对于字体了解不够。每一款优秀的字体本身就是一件经过精雕细琢的设计作品，每一款优秀的字体都有其自身的设计理念。在幻灯片中使用字体，最怕的就是将好的字体放在了错误的地方。

读者在使用电脑时可能有这样的体验。在 Windows 系统环境下，系统字体使用微软雅黑视觉上是比较舒服的，而如果换成其他的一些字体，比如宋体或楷体，效果可能会比较糟糕，其中的一个重要原因在于屏幕上字体的显示效果会受到分辨率和字体渲染技术等因素的限制。而雅黑字体恰好就是为微软公司设计的屏幕显示汉字，建议读者参考阅读齐立先生[①]写的《微软雅黑的设计》，相信会对字体设计本身有更加深刻的认识。不过，随着分辨率的提高和渲染技术的进步，字体在屏幕上的显示效果也会越来越好。

有衬线字体与无衬线字体（Serif and Sans-serif）

西文字体体系分为两类：Serif 和 Sans-serif，也就是我们所说的有衬线字体与无衬线字体。有衬线字体在字的笔画开始、结束的地方有额外的装饰，笔画的粗细会有所不同。无衬线字体，没有这些额外的装饰，笔画的粗细差不多。根据这一点可以很容易地识别一款字体是有衬线字体还是无衬线字体。

图 4.3 中，上方的字体是 Times New Roman，经典的衬线字体；下方的字体是 Helvetica，经典的无衬线字体。汉字字体也可以按照有无衬线来加以区分，宋体是“标准的”衬线字体，衬线的特征非常明显。无衬线字体与汉字字体中的黑体对应。图 4.4 上方是方正风雅颂字体，衬线字体，下方的字体是兰亭黑系列中的准黑字体，无衬线字体。

汉字字体也可以分为宋体、仿宋体、楷体、黑体等等，这个分类不作过多说明，制作幻灯片一定要明确的是字体衬线的有无以及其他因素对字体使用场合的影响。在辨识度这一点上，衬线体和非衬线体没有绝对的高下之分，与其使用场合、字体本身的质量等各方面的因素都有关系，比如屏幕显示与印刷是不同的场合，有时候需要有针对性地选择字体。

---

① 齐立：字体设计师，微软雅黑和兰亭黑系列都是他的设计作品。《微软雅黑的设计》参见网页：http://www.foundertype.com/index/stylist/ql.html。

衬线字体与无衬线字体（serif and Sans-serif）

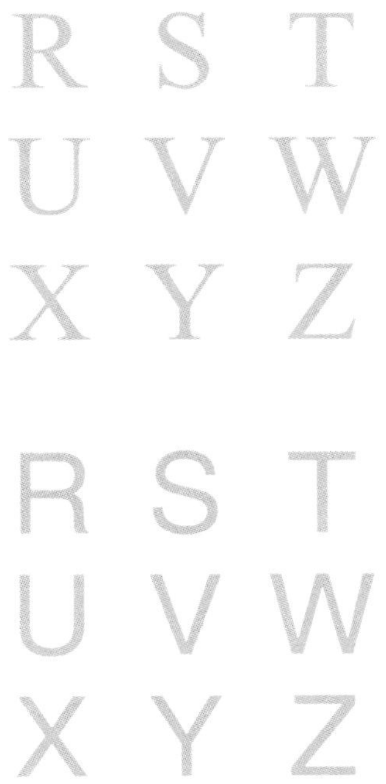

R S T
U V W
X Y Z

R S T
U V W
X Y Z

图 4.3

见 贤
思 齐

见 贤
思 齐

图 4.4

在制作幻灯片的过程中，如果想要使用某一款以前没有接触过的字体，我们需要先上网查一查与这款字体相关的资料，要先对这款字体有一些了解，再决定是否选用这款字体。比如很多人非常习惯用微软雅黑制作演示文稿，可是很多人并不是非常明白，为什么微软雅黑在制作幻灯片时是一款“安全字体”。

如果了解了屏显与印刷对字体的不同要求，知道微软雅黑是为微软公司和字体设计方合作针对屏显而开发的字体，明白衬线等要素对字体特点的影响，相信你能明白一些东西。有时候我们也可以根据自己对一款字体的直观感受，以及对设计师设计理念和设计意图的揣测来推断一款字体的性格特点和适用场合，我们不一定了解字体设计中的专有名词，比如字面、中宫、喇叭口、重心等等，但字体给我们带来的第一印象和感觉往往是对的。

比如华文细黑与方正兰亭纤黑之间的比较。图 4.5（a）所示为华文细黑，图 4.5（b）所示为方正兰亭纤黑（以下简称华文黑和兰亭黑）。从单个字的第一感觉来看，华文黑比兰亭黑要“好看”，你甚至能在头脑中浮现出关于这两款字体的一些形容词。

再仔细观察会发现华文黑有比较夸张的喇叭口（喇叭口是笔画末端加宽部分，形似喇叭口），黑体字中的喇叭口一开始是为了让印出效果平直而存在的，华文黑喇叭口比较“夸张”，有书法中起笔和收笔的味道，结合字面、重心等因素让它看起来隽永优雅。

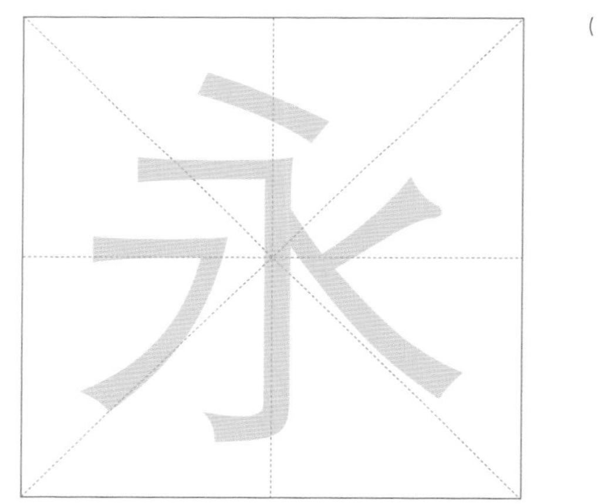

（a）

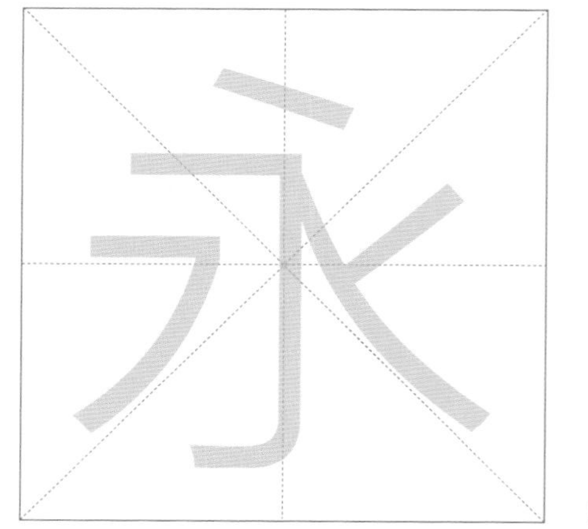

（b）

图 4.5

明月几时有把酒问
青天不知天上宫阙
今夕是何年我欲乘
风归去又恐琼楼玉
宇高处不胜寒起舞
弄清影何似在人间
转朱阁低绮户照无
眠不应有恨何事长
向别时圆人有悲欢
离合月有阴晴圆缺
此事古难全但愿人
长久千里共婵娟

方正清刻本悦宋

兰亭黑在笔画上去掉了“喇叭口”，不带装饰，它与微软雅黑师出同门，采用大字面设计，中宫放开，增大内白，笔画接近几何风格。中宫放开增加了它的横向阅读流畅性，没有“喇叭口”，笔画粗细比较均匀一致，能优化在屏幕上的显示效果，因而兰亭黑在屏幕上的显示效果要优于华文黑。兰亭黑的个性较弱，符号化和工具化得更为彻底，在幻灯片上，兰亭黑与其他元素（比如图片、图表等）的融合性也比较好，因而，兰亭黑是非常适合用于演示文稿中的中文字体。许岑在他的幻灯片制作建议中提到，兰亭黑系列是他常用的中文字体。《穹顶之下》中使用的中文字体就是兰亭黑系列。另外，小米部分新品发布会幻灯片使用的中文字体也是兰亭黑系列，后来更是针对小米手机打造了小米兰亭这款字体。

再举一个关于字体设计理念的例子——清刻本悦宋。宋体字本身是楷书的图像化、几何化和工具化，演化出横细竖粗的特征。宋体字是雕版刻工们在长期的刻写过程中对唐楷笔画的归纳，清刻本悦宋的设计汲取了大量古籍中的精华，设计者在设计这款字体时就有赋予这款字体古朴自然的美的意图。“字体形态修长，笔画既富含笔墨之意，又张显刀刻之功，笔刀结合刚柔并济。字里行间隐含着历史古韵，渗透着文化气息，似若点点瑕疵，恰恰给人以质朴自然之美。”这些描述体现出清刻本悦宋这款字体古朴的味道，字体性格特征十分明显因而使用在幻灯片中时要注意使用环境。如果你制作的幻灯片是关于互联网、金融、创业这样的话题，使用清刻本这样一款字体容易出现不和谐的问题。

不同的字体样式

方正兰亭黑系列

方正兰亭纤黑简体

明月几时有把酒问青天不知天上宫阙今夕是何年我欲乘风归去又恐琼楼玉宇高处不胜寒起舞弄清影何似在人间转朱阁低绮户照无眠不应有恨何事长向别时圆人有悲欢离合月有阴晴圆缺此事古难全但愿人长久千里共婵娟

abcdefghijklmnopqrstuvwxyz

ABCDEFGHIJKLMNOPQRSTUVWXYZ

1234567890

常用字重（兰亭黑系列有很多个字重）

方正兰亭纤黑简体

方正兰亭中黑简体

方正兰亭粗黑简体

汉仪旗黑系列

汉仪旗黑-40S

明月几时有把酒问青天不知天上宫阙今夕是何年我欲乘风归去又恐琼楼玉宇高处不胜寒起舞弄清影何似在人间转朱阁低绮户照无眠不应有恨何事长向别时圆人有悲欢离合月有阴晴圆缺此事古难全但愿人长久千里共婵娟

abcdefghijklmnopqrstuvwxyz

ABCDEFGHIJKLMNOPQRSTUVWXYZ

1234567890

常用字重（汉仪旗黑系列有非常多种字重和变体）

汉仪旗黑-40S

汉仪旗黑-55S

汉仪旗黑-75W

不同的字体样式[①]

冬青黑体简体中文（ Hiragino Sans GB ）

冬青黑体简体中文 W3

明月几时有把酒问青天不知天上宫阙今夕是何年我欲乘风归去又恐琼楼玉宇高处不胜寒起舞弄清影何似在人间转朱阁低绮户照无眠不应有恨何事长向别时圆人有悲欢离合月有阴晴圆缺此事古难全但愿人长久千里共婵娟

abcdefghijklmnopqrstuvwxyz

ABCDEFGHIJKLMNOPQRSTUVWXYZ

1234567890

字重（目前只有2个字重）

冬青黑体简体中文 W3

冬青黑体简体中文 W6

① 微软雅黑、兰亭黑、汉仪旗黑、冬青黑这些字体有较多共同点，它们都比较适合用作幻灯片的中文字体。还有一些其他字体，比如造字工房尚雅、书体坊颜体、小塚明朝等，读者使用前一定要结合字体的特点来考虑是否合适。

Helvetica

HELVETICA LT Light

And most important, have the courage to follow your heart and intuition. They somehow already know what you truly want to become. Everything else is secondary.

abcdefghijklmnopqrstuvwxyz

ABCDEFGHIJKLMNOPQRSTUVWXYZ

1234567890

赫尔维提卡体，无衬线字体，有多个字重可选择。Helvetica 是一款使用非常广泛的字体，1957年，马克斯·米丁格设计了这款字体。Helvetica 体现了瑞士设计的理性主义精神，同时被认为是现代主义设计理念的典范。

Myriad Set Pro

Myriad Set Pro

And most important, have the courage to follow your heart and intuition. They somehow already know what you truly want to become. Everything else is secondary.

abcdefghijklmnopqrstuvwxyz

ABCDEFGHIJKLMNOPQRSTUVWXYZ

1234567890

无衬线字体，有多种字重，属于人文主义体。字形修长，给人感觉比较亲近友好，在屏显和印刷上都有良好的适应性。Myriad Set Pro 也是苹果公司的商用字体，在苹果大官方网站和发布会幻灯片上使用非常频繁。（2016 年秋季发布会字体做出了改变）

不同的字体样式[1]

Century Gothic

Century Gothic

And most important, have the courage to follow your heart and intuition. They somehow already know what you truly want to become. Everything else is secondary.

abcdefghijklmnopqrstuvwxyz

ABCDEFGHIJKLMNOPQRSTUVWXYZ

1234567890

Century Gothic，几何风格无衬线体，字符较宽，笔画简洁，几何特征非常明显，能很明显地看出圆和方交织成的网格系统。这款字体易读性不如前面的 Helvetica 和 Myriad Set Pro，比较适合用作大标题和短句，而不太适用于成段的文本。

① 英文字体有很多，不过制作幻灯片选择英文字体并不需要“海选”，我们使用一些经典字体就好，比如在衬线字体中，Times New Roman、Garamond、Didot 等是比较经典的字体。当然，如果你不满足于这些，也可以自己去找合适的字体，比如 Gotham（在小米一些新品发布会的英文和数字中有使用）、谷歌的 Product Sans 等。

衬线的有无与字体的特点

幻灯片中，字体选择不当是特别容易出现的失误，很多幻灯片制作者在选择字体的时候是比较随意的，并不会考虑字体的设计意图，在这种情况下，最简单的做法是确定一款自己的常用字体，通常是一些有两三个字重及以上的黑体字。

PowerPoint 2016 版本中的默认字体是“等线”，是一款无衬线字体，在之前的一些版本中，默认的字体是“宋体”。这里的变化应该是考虑到无衬线字体在幻灯片中使用得更多，但它并没有提供多个字重，可能以后的版本会增加字重，包括其他的默认样式可能也会有所改进。字体有无衬线的差别是比较大的。幻灯片选用字体最容易出现的失误就是不对这两类字体加以区分，这里对有衬线字体与无衬线字体的适用场合做一个简单的分析。

有衬线字体华丽，无衬线字体简约
有衬线字体古典，无衬线字体现代
有衬线字体感性，无衬线字体理性
有衬线字体优雅，无衬线字体笃实
有衬线字体阴柔，无衬线字体阳刚
有衬线字体独立，无衬线字体包容

以上的比较都是相对的，字体的其他因素也会有影响，比如不同字重就能产生很大的影响，同样是无衬线字体，笔画纤细的字体显得更加阴柔优雅，而笔画粗大的字体则使人感觉更具力量感。

通过电影海报中字体的使用，也可以看出有衬线字体与无衬线字体的不同适用场合，比如图 4.6 与图 4.7 所示的两张海报几乎将以上的几点都反映出来了，包括字重与力量感的关系也是。其中最后一点需要说明一下，“独立”是指衬线字体带修饰，单个字体韵味更浓一点，字体特点比较明显。而“包容”则是指无衬线字体相对来说“不张扬”，工具性和符号性强，在幻灯片中使用较多。

幻灯片中最为常见的字体选择仍然是有多个字重的黑体字，基本上与现代商业、工业、科技产品、互联网，创业等等话题相关的幻灯片都可以使用有多个字重的黑体字。如果你经常使用演示软件完成同一类型的文稿，为自己选择常用的字体并慢慢构建起使用规范和习惯用法是非常不错的选择。

LA VENGEANCE EST PROCHE
FAST & FURIOUS 7
01.04.2015
图 4.6

Disney
CINDERELLA
IN CINEMAS SOON
disney.com/Cinderella
图 4.7

字号、字符间距、行距与栏宽

除了字体样式本身涉及文本的易读性之外，字号大小、字符间距、行距和栏宽同样会影响文本的易读性。字号非常容易理解，字号大小既要保证后排观众的可读性，又不能太大，“高桥流”只是妥协的做法，某种程度上，甚至是偷懒的做法。

当文稿用于阅读浏览时，眼睛与屏幕的距离与看书时离纸张的距离是相近的，所以字号大小可以参考一些排版比较好的书籍，另外，还要考虑电脑屏幕的分辨率大小，在大多数情况下可以按照 1920×1080 的分辨率来制作。在 PowerPoint 2016 中，默认的 16：9 幻灯片大小导出来的图片大小为 1280×720，如果觉得图片尺寸大小不够，可以更改幻灯片大小，以厘米为单位。幻灯片大小尺寸与导出图片的大小尺寸关系如下（建议使用第二种）：

33.867 厘米×19.05 厘米 = 1280×720
50.791 厘米×28.579 厘米 = 1920×1080
67.729 厘米×38.1 厘米 = 2560×1440

在幻灯片中，字号、间距等等，这些量的单位是“磅”，我们需要了解一下几个单位之间的换算关系。单位换算关系如下：

1 英寸 = 2.54 厘米
1 磅 = 1 / 72 英寸
1 磅 = 25.4 / 72 ≈ 0.353 毫米

另外还有一个比较重要的参数是 PPI，PPI 是指图像每英寸所包含的像素数目，PPI 的全称为“pixels per inch”。一些智能手机屏幕的 PPI 能达到 400，不仔细观察人眼几乎不能分辨出单个像素点，高 PPI 意味着画面细腻，但同时也需要更大的图像文件才能很好地支持高 PPI 屏幕。46 英寸 1080P 电视机屏幕 PPI 约为 48，如果你凑近看正在显示图像的电视机屏幕，能清晰看到每一个像素点上有不同强度的红绿蓝三种色光。

在幻灯片中插入图片的时候，不是根据图像的像素来算的，而是根据图片的长度单位来计算的。比如，一个 16cm×9cm，PPI 为 300 的图像，大小为 1890×1063。导入 PowerPoint 中，是按照 16cm×9cm 显示的。屏幕的显示是按照像素点进行的，比如一张 1920×1080 的图像，PPI 是 72 或者 300 都能用作 1080P 屏的壁纸，而且图像所占的存储空间大致相同（保存的质量一样），PowerPoint 导出的图片 PPI 为 96，我们一般使用的图片 PPI 以 72 居多。如果有时候发现一张图片的分辨率够，但是导入幻灯片中发现很小，一般就是 PPI 的缘故，在 PS 中将图像大小的分辨率调整至 96 就好了。其实说得有点绕，还有另一个 DPI 没有提到，DPI 和 PPI 经常混用，对制作幻灯片而言，理解 PPI 就可以了；如果涉及打印，读者可以自行查阅一下 DPI 的概念。这里说明几个单位，并将 PPI 做了一点说明，主要是为后面图片使用铺垫一下。如果感觉没怎么看懂，可以规定一个用法，就是导入PPT的图片的 PPI 调整为 96，并且导入后不要再将图片拉大。

字符间距在 PowerPoint 中可以更改，同样是以磅为单位。以汉字为例，一般情况下，我们都会使用默认的间距。有些字体采用大字面设计，比如兰亭黑和雅黑，文本字号比较小的时候会使排版看起来有点拥挤的感觉。在之前字体样式举例中，文本都是默认状态下的字符间距，很明显兰亭黑的排版看起来要拥挤一些，可以适当增加字符间距，也有时候，我们会因为其他的一些原因（比如美观需要）而不同程度地增大字符间距。而字面太小，我们又会适当减小字距，字距调整时有加宽、普通和紧缩三个选项，一些小字面的手写体可以适当减小字距。

合适的行距是决定易读性的首要因素。如果行距太窄，眼睛就容易被相邻的行干扰，导致阅读时容易串行。行距太宽则会减弱文本段落的连续性。因此，需要仔细斟酌以避免任何影响阅读的不利因素。当然，这里说的主要是针对成段的文本。

对于“栏宽”这个概念，很多读者可能并没太注意，它在文档编辑中使用比较多，在幻灯片中也同样重要。要让观众轻松和舒适地阅读文本，字号、字符间距、行距、栏宽，包括页边距，这些要素都必须仔细斟酌和调整。观众读太长的行太累，因为需要长久保持视线在同一水平线移动，而读太短的行也太累，因为需要不停地换行，根据经验值，幻灯片上的段落文本一行排 15~25 个汉字（包括标点在内），英文一行排 7~12 个单词比较适合阅读。但演示文稿不比文字稿，它的栏宽可调整性会比较大。

文本的不合适栏宽设置图示（见图 4.8 与图 4.9）

曲曲折折的荷塘上面，弥望的是田田的叶子。叶子出水很高，像亭亭的舞女的裙。层层的叶子中间，零星地点缀着些白花，有袅娜地开着的，有羞涩地打着朵儿的；正如一粒粒的明珠，又如碧天里的星星，又如刚出浴的美人。微风过处，送来缕缕清香，仿佛远处高楼上渺茫的歌声似的。这时候叶子与花也有一丝的颤动，像闪电般，霎时传过荷塘的那边去了。叶子本是肩并肩密密地挨着，这便宛然有了一道凝碧的波痕。叶子底下是脉脉的流水，遮住了，不能见一些颜色；而叶子却更见风致了。月光如流水一般，静静地泻在这一片叶子和花上。薄薄的青雾浮起在荷塘里。叶子和花仿佛在牛乳中洗过一样；又像笼着轻纱的梦。虽然是满月，天上却有一层淡淡的云，所以不能朗照；但我以为这恰是到了好处——酣眠固不可少，小睡也别有风味的。月光是隔了树照过来的，高处丛生的灌木，落下参差的斑驳的黑影，峭楞楞如鬼一般；弯弯的杨柳的稀疏的倩影，却又像是画在荷叶上。塘中的月色并不均匀；但光与影有着和谐的旋律，如梵婀玲上奏着的名曲。荷塘的四面，远远近近，高高低低都是树，而杨柳最多。这些树将一片荷塘重重围住；只在小路一旁，漏着几段空隙，像是特为月光留下的。树色一例是阴阴的，乍看像一团烟雾；但杨柳的丰姿，便在烟雾里也辨得出。树梢上隐隐约约的是一带远山，只有些大意罢了。树缝里也漏着一两点路灯光，没精打采的，是渴睡人的眼。这时候最热闹的，要数树上的蝉声与水里的蛙声；但热闹是它们的，我什么也没有。荷塘的四面，远远近近，高高低低都是树，而杨柳最多。这些树将一片荷塘重重围住；只在小路一旁，漏着

图 4.8

决定伟大水平和一般水平的关键因素，既不是天赋，也不是经验，而是『刻意练习』的程度。

K. Anders Ericsson. 2000
Psychologist. Florida State University

图 4.9

文本的合适栏宽设置图示（见图 4.10 与图 4.11）

曲曲折折的荷塘上面，弥望的是田田的叶子。叶子出水很高，像亭亭的舞女的裙。层层的叶子中间，零星地点缀着些白花，有袅娜地开着的，有羞涩地打着朵儿的；正如一粒粒的明珠，又如碧天里的星星，又如刚出浴的美人。微风过处，送来缕缕清香，仿佛远处高楼上渺茫的歌声似的。这时候叶子与花也有一丝的颤动，像闪电般，霎时传过荷塘的那边去了。叶子本是肩并肩密密地挨着，这便宛然有了一道凝碧的波痕。叶子底下是脉脉的流水，遮住了，不能见一些颜色；而叶子却更见风致了。月光如流水一般，静静地泻在这一片叶子和花上。薄薄的青雾浮起在荷塘里。叶子和花仿佛在牛乳中洗过一样；又像笼着轻纱的梦。虽然是满月，天上却有一层淡淡的云，所以不能朗照；但我以为这恰是到了好

图 4.10

“决定伟大水平和一般水平的关键因素，既不是天赋，也不是经验，而是『刻意练习』的程度。”

K. Anders Ericsson. 2000
Psychologist. Florida State University

图 4.11

图 4.8 的栏宽设置不合适，如果本书的栏宽设置与其一致，会严重削减阅读兴趣。图 4.9 的栏宽设置不如图 4.11 的合适，图 4.9 中可以引入图片，文本与图片采用左右构图，参考图 4.2。如果图 4.11 需要引入图片可以经处理用作背景图层，然后叠加文本。

不合适的行间距与段间距设置图示（见图 4.12 与图 4.13）

曲曲折折的荷塘上面，弥望的是田田的叶子。叶子出水很高，像亭亭的舞女的裙。层层的叶子中间，零星地点缀着些白花，有袅娜地开着的，有羞涩地打着朵儿的；正如一粒粒的明珠，又如碧天里的星星，又如刚出浴的美人。微风过处，送来缕缕清香，仿佛远处高楼上渺茫的歌声似的。这时候叶子与花也有一丝的颤动，像闪电般，霎时传过荷塘的那边去了。叶子本是肩并肩密密地挨着，这便宛然有了一道凝碧的波痕。叶子底下是脉脉的流水，遮住了，不能见一些颜色；而叶子却更见风致了。

月光如流水一般，静静地泻在这一片叶子和花上。薄薄的青雾浮起在荷塘里。叶子和花仿佛在牛乳中洗过一样；又像笼着轻纱的梦。虽然是满月，天上却有一层淡淡的云，所以不能朗照；但我以为这恰是到了好处——酣眠固不可少，小睡也别有风味的。月光是隔了树照过来的，高处丛生的灌木，落下参差的斑驳的黑影，峭楞楞如鬼一般；弯弯的杨柳的稀疏的倩影，却又像是画在荷叶上。塘中的月色并不均匀；但光与影有着和谐的旋律，如梵婀玲

（a）

曲曲折折的荷塘上面，弥望的是田田的叶子。叶子出水很高，像亭亭的舞女的裙。层层的叶子中间，零星地点缀着些白花，有袅娜地开着的，有羞涩地打着朵儿的；正如一粒粒的明珠，又如碧天里的星星，又如刚出浴的美人。微风过处，送来缕缕清香，仿佛远处高楼上渺茫的歌声似的。这时候叶子与花也有一丝的颤动，像闪电般，霎时传过荷塘的那边去了。叶子本是肩并肩密密地挨着，这便宛然有了一道凝碧的波痕。叶子底下是脉脉的流水，遮住了，不能见一些颜色；而叶子却更见风致

（b）

图 4.12

Music	Contacts
AudioBooks	Calendars
Podcasts	Photos
Movies	Notes
TV Shows	Bookmarks
Music Videos	Email accounts

（a）

Music	Contacts
AudioBooks	Calendars
Podcasts	Photos
Movies	Notes
TV Shows	Bookmarks
Music Videos	Email accounts

（b）

图 4.13

“推动能源体制革命，还原能源商品属性，构建有效竞争的市场结构和市场体系，转变政府对能源的监管方式，建立健全能源法治体系。”

——中国能源安全战略 2014.06

图 4.14

图 4.12 与图 4.13 中的行距，段间距设置都是不合适的。如何确定行距和段间距呢？仍然以之前出现过的一张幻灯片说明，如图 4.14，幻灯片上的主体文本栏宽刚好容下 20 个汉字。关于行间距的确定，其实并不是简单地都设置成 1.5 倍行距或者 1.25 倍行距就好。（基于 Windows 系统下的 PowerPoint 2016 讨论）

在设置行距倍数之前，我们需要知道我们是根据哪些参数确定行距倍数的，如图 4.14 右侧所示，这里的行宽，行间距和段间距与演示软件中的含义是不同的，图中的间距指的绝对值，软件中的行距倍数指的是相对值。相比之下，图中标注的行宽、行间距、段间距更直观，它更有利于我们根据比例是否协调来选择合适的行距倍数。根据经验值，行间距一般确定在 0.5~1.25 倍行宽，对应的行距倍数设置一般为 1.0~1.75 倍。文本字号很小时，绝对行间距太小，与字间距区分不明显，应该使用较大的行距倍数。而段落文本字号较大时，行距倍数设置较小，因为绝对行间距足够大。

此处段间距用于两部分有联系的文本之间，其亲密性不如段落中的行与行，一般情况下，其大小控制在 1.5~3 倍行间距。不过在 PowerPoint 中，段间距设置一般有两种方法：一种是增加段前或段后的间距，单位为磅；另一种是作为不同的文本框处理。

英文文本的间距处理稍有不同，相同行距倍数和字号大小，英文字母并不是方块结构，单行文本的集中分布区域为三线格的中间格，上下两格“有盈有缺”，显得比中文文本“宽松”，因而编排时，英文行距倍数的设置往往比中文小（全大写情况则另论）。

字号、字符间距、行间距、栏宽、包括页边距，它们调整的核心都是一样的：保证易读性；保持内容上的亲密关系和信息的层级关系；保持尺寸与比例的协调；保持一定的美观性。前面提到的经验值范围只是提供了一个参考，并不是一定要将其作为绝对的标准来生搬硬套，但多数情况下经验值能满足要求。

行间距与段间距设置举例（见图 4.15）

图 4.15

图 4.15 为《乔布斯的魔力演讲》一书的封面，是一个行间距与段间距设置的很好的例子，文本字号很大的时候，往往作为主要信息出现，比如幻灯片中的标题，此时文本如果还按照 1.25 倍行距等参考值来设置肯定不合适，这里书名的行间距设置是根据字符间距设置的，由此形成小正方形组成的网格。

行间距与段间距设置举例（见图 4.16）

图 4.16

图 4.16 为小米 Note 发布会中的一张幻灯片，行间距和段间距的设置基本符合给出的参考经验值。

将网格画出后，能发现有几个细节的地方没有严格对齐。注意本节中几个间距参数的调整也要考虑整个版面的编排。

如图 4.17 所示，文本的基本布局形式有三种，分别是轴心式布局，对齐布局与集中式布局。轴心式布局是非常常见的布局方式，与居中对齐意思类似。轴心式布局的阅读逻辑非常清晰，沿着一条轴心线依次向下。信息的层级关系通过对比构建。轴心式布局也常见于很多电影海报、书籍封面等等。在幻灯片中常用于演示文稿首页。使用轴心式布局的文本，一般内容比较简约，主体信息即为文本。有时候也会和其他元素一起布局在轴心线上，比如一些 Logo、矢量元素、图片等等。

对齐布局，主要是指左右上下对齐。对齐实际上是版面编排的基本原则，既可以是同等地位信息的对齐，也可以是相关文本信息的对齐，同时考虑亲密性原则。对齐布局也经常用于演示文稿的首页，之前三张点线面在幻灯片中的使用举例使用的就是轴心式布局和对齐式布局。对齐式布局更常用于与图片、表格等元素搭配使用，在幻灯片中出现最为频繁。

集中式布局是将相关文本信息集中在一起，有时在版心，有时也可能在某一个角落，信息之间的层级关系仍然不改变，它的易读性稍弱于轴心式和对齐式。图 4.17（c）中将文本信息限定在一个矩形内，其他的情况，比如圆形，或者没有明确形状，只是将文本信息集中排列在一个较小区域，都可以视为集中式布局。集中式布局，特别是较小文本信息的集中式布局，在幻灯片中不算常见。这几种布局形式都是可以适当引入其他元素的，比如图片、形状等。

（a）

图 4.17

乌合之众

The Crowd. A Study Of Popular Mind

大众心理研究

法国. 古斯塔夫・勒庞 著

（b）

The Crowd

乌合之众

大众心理研究

法国. 古斯塔夫・勒庞 著

（c）

图 4.17（续）

文本的对比

在演示文稿中，信息的层级关系多为三层及以下，较少出现四层及以上。文本之间的对比依据文本信息之间的层级关系建立，要突出重要信息。比如图 4.18 中这段摘自苹果官网的文本，这是文案最开始的文字稿，没有经过什么处理，现在我们结合所有文本相关章节的内容对其进行处理。首先是明确信息层级关系，这是一段介绍性文本，主体信息就是“Keynote”，其他是说明性文本。然后选择字体，英文字体选用苹果在网站上和发布会上经常使用的 Myriad Set Pro 系列，字重选择细线。中文字体这里的选择的是汉仪旗黑，字重同样选择细线。

接着构建信息文本层级关系之间的对比，最简单的是字号大小对比。在字号选择上，我们一般经常使用偶数，比如 16、18、20、24、32、36、48、64 这些字号，在构建文本大小对比时，影响字号大小的因素也很多，比如标题长度太长，可能会换行，也可能继续删减一些字，也可能会适当减小字号，要保证易读性和主体信息的强调，以及比例的协调、美观性等等。一般来说，说明文本的字号应该保持一致，但是这里不是同一款字体，Myriad Set Pro 的字符偏小，所以，其字号会比中文文本偏大一点，这样能保持说明文本的一致性，另外说明文本与主体信息之间字号成倍数关系，这在制作幻灯片时可以作为一个参考，比如 1.5 倍、2 倍、2.5 倍等等，具体情况具体处理，有时候为了构建两端对齐，我们也会使用带小数点的字号，如图 2.23 中的幻灯片。关于行距，段间距的选择和设置，此处不做赘述。

Keynote, Bring your ideas to life with beautiful presentations. Employ powerful tools and dazzling effects that keep your audience engaged. Work seamlessly between Mac and iOS devices. and work effortlessly with people who use Microsoft PowerPoint.
通过赏心悦目的演示文稿，让你的想法得以生动呈现。运用多种强大工具和惊艳动效，让你的观众目不转睛。你可在 Mac 和 iOS 设备之间无缝切换，还可与使用 PowerPoint 的其他人轻松协作。

图 4.18

Keynote

通过赏心悦目的演示文稿，让你的想法得以生动呈现。运用多种强大工具和惊艳动效，让你的观众目不转睛。你可在 Mac 和 iOS 设备之间无缝切换，还可与使用 PowerPoint 的其他人轻松协作。

Bring your ideas to life with beautiful presentations. Employ powerful tools and dazzling effects that keep your audience engaged. Work seamlessly between Mac and iOS devices. and work effortlessly with people who use Microsoft PowerPoint.

图 4.19

文本的粗细也经常用来构建对比，这也是我们选择字体时，会比较青睐有多个字重字体的原因，一般情况下，我们不使用软件自带的加粗效果，而是直接使用同一系列不同字重的字体，一粗一细，进行对比，一般情况下会对重要信息文本使用粗字体。幻灯片中不适合大段使用粗字体，它的易读性不够好，大段的粗重无衬线字体也容易让演示文稿显得呆板。图 4.20 使用的不同字重，差别较小，没有用到粗黑字体。“Keynote”使用的字体为 Myriad Set Pro。

这里的中文说明文本和英文说明文本的行距设置是不同的，之前在确定行距时说明过原因，图中英文说明文本行距倍数设置为 1.15 倍，而中文是 1.35 倍行距，有明显的大小关系，却没有明确的换算关系，读者在操作时，需要对行距多进行几次调整对比效果，然后再选择合适的行距。另外英文一般选用左对齐较多，特别是栏宽能容下的单词数比较少时，因为使用两端对齐后，单词间距会调整得有宽有窄，不统一，影响视觉效果。

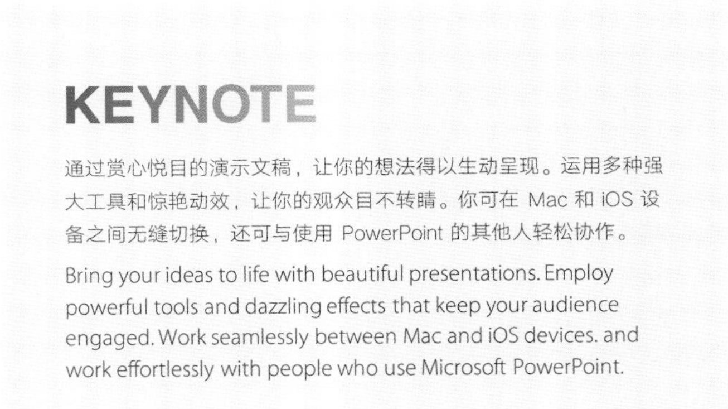

图 4.21 所示为在文本中运用色彩对比。色彩章节中讲到的明度、色相，纯度对比也同样可以运用到文本对比中。图 4.21 中使用了辅助色对主体文本信息进行强调，其他文本多使用常用前景色，无色相属性，目的也是为了与主题文本信息之间构成对比关系。此处主体文本“Keynote”使用字体为 Helvetica LT，另外，还用到了大小写之间的对比，当然，这只能用于英文。英文无衬线字体全部大写往往具有很强的对齐特点。

Keynote

通过赏心悦目的演示文稿，让你的想法得以生动呈现。运用多种强大工具和惊艳动效，让你的观众目不转睛。你可在 Mac 和 iOS 设备之间无缝切换，还可与使用 PowerPoint 的其他人轻松协作。

Bring your ideas to life with beautiful presentations. Employ powerful tools and dazzling effects that keep your audience engaged. Work seamlessly between Mac and iOS devices. and work effortlessly with people who use Microsoft PowerPoint.

图 4.20

KEYNOTE

通过赏心悦目的演示文稿，让你的想法得以生动呈现。运用多种强大工具和惊艳动效，让你的观众目不转睛。你可在 Mac 和 iOS 设备之间无缝切换，还可与使用 PowerPoint 的其他人轻松协作。

Bring your ideas to life with beautiful presentations. Employ powerful tools and dazzling effects that keep your audience engaged. Work seamlessly between Mac and iOS devices. and work effortlessly with people who use Microsoft PowerPoint.

图 4.21

字号大小的对比、笔画粗细的对比、文本的色彩对比，这是演示文稿中最为常用的文本对比的构建方法。除此之外，还可以利用字体种类的对比，比如标题文本选用 Gotham，而其他文本选用 Helvetica。还有透明度的运用，不过它仍然属于色彩对比。以及方向对比，即为文本横排、竖排、斜排的对比，还有疏密、材质纹理等等。不过方向、材质纹理的对比在演示文稿中运用很少，在拟物做法的举例（图 2.43 与图 2.44）中，两张幻灯片借助光影引入了金属的质感，而在扁平的处理方式中，并不会使用这种方式。

图 4.22 与图 4.23 所示的是梳理稿和演示稿的区别，两种文稿用途不同，呈现形式也不同。这里在前面的文本基础上引入了 Keynote 的图标，文本的位置可在图标左，也可以在右，但都使用左对齐，主要是为了符合阅读习惯。梳理稿中是按照黄金分割来划分图标和文本所占区域的，而且图标与文本刚好满足这一区域占比关系，而演示稿则是按照 1：1 来划分图标和文本所占区域的，另外，这里的文本还运用了疏密的对比。这里的背景使用浅灰色主要是受本章节的版式设计和谐统一原则的影响，都用了这样一个浅灰色块来实现版式上的边界对齐。

关于“Keynote”的这个举例形式比较简单，书中还有很多幻灯片的例子也都涉及文本的对比，不管是大型演示中的幻灯片，还是阅读性的文稿，最常用的仍然是字号大小、笔画粗细、色彩对比这几点，也就是这个举例中讲的几点，并且会交叉使用。

图 4.22

图 4.23

注意图 4.22 与图 4.23 中文本使用颜色与图标上颜色的呼应关系，这一方法在颜色处理上也是经常用到的，当然，还要优先考虑整个演示文稿的颜色规范，制作演示文稿时要注意幻灯片与幻灯片之间、页面元素之间颜色的呼应关系，这有利于和谐与统一的构建。

文本对比在幻灯片中的运用（见图 4.24）

图 4.24

图 4.24 所示幻灯片来源于 TED 演讲《贫穷的真正根源》，由 Duarte 公司制作。

字体性格与使用场景（见图 4.25）

图 4.25

图 4.25 中使用的字体为书体坊颜体、默陌信笺手写体，图片来源为 https://unsplash.com/。

5 幻灯片中的形状与图表

强大的几何形状

插入和编辑几何形状是演示软件中非常重要的一项功能，它能帮助我们快速地实现内容的图形化。幻灯片中主要使用的几何形状是线条和基本几何形状，线条的样式中没有填充选项，线条的粗细、线型、颜色等等可以调整。其他的基本形状，比如圆形、矩形、三角形、六边形等等，它们有填充和轮廓之分（见图 5.1），填充主要是可以改变填充的内容，比如纯色、渐变、图案、图片等等。

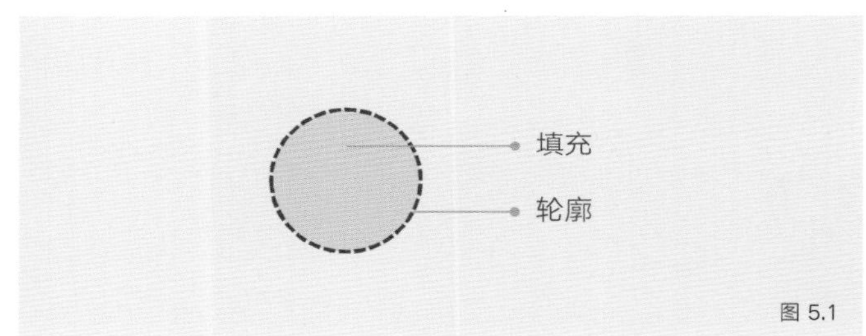

图 5.1

除了轮廓和填充的样式可以改变之外，几何形状还可以添加其他效果，比如阴影、映像、发光、三维格式等等，这些样式我们使用并不多。我们还可以参数化控制它们的大小、位置、不过大小位置一般通过鼠标、快捷键和快捷命令控制更方便。选中形状，右键单击，在下拉菜单中选择“设置形状格式”，在弹出的属性面板中，可以一一找到这些功能选项。

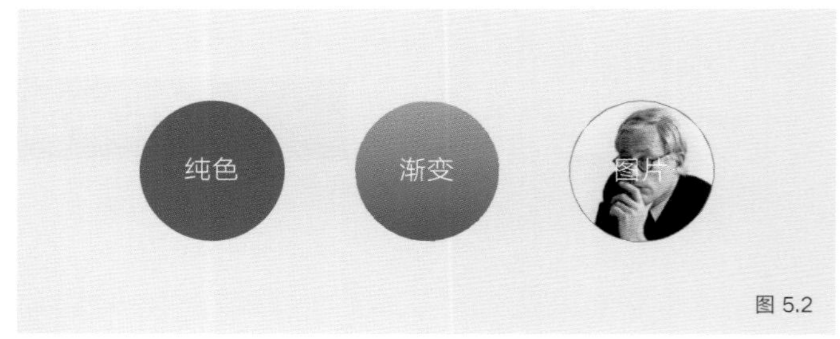

图 5.2

图 5.2 和图 5.3 所示的是圆形的不同样式。纯色和渐变填充要结合色彩章节的知识，选择合适的颜色方案。扁平处理思路使用纯色填充较多。在使用图片填充的时候，需要特别注意的是，用于填充的图片和被填充的几何图形必须保持相同的高宽比。在填充之前，先确定形状的高宽比，然后将图片剪裁成相同的高宽比，再在形状格式中改变填充内容为图片。如果两者高宽比不一致，图片会变形失真，这种做法是不妥的。另外要保证形状比图片尺寸要小，否则图片被拉大，可能会使得图片演示时不清晰，一般情况下我们都会优先考虑图片的清晰度，选择大尺寸图片。

图 5.3

使用纯色和渐变填充的时候，要充分考虑色彩的对比。包括色相对比、纯度对比、明度对比、面积对比等等，面积对比在幻灯片中往往表现为是前景色所占面积的比例大小，前景色面积越大，就越能充分地表现色彩的明度和纯度的真实面貌，对应内容的视觉效果也会更加的明显。当然还有不同色彩之间的面积对比，这与点线面构成有相似之处。比如图 5.4 中，前景中的红色是同一个颜色，但是上面的大面积色块更能反映出它的明度和纯度。

色彩面积太小，就容易造成视觉上的辨别异常，易被周围色彩同化，从而削弱色彩的对比效果，比如图中小的细线字体，我们能分辨出色相是红色，但是它的明度和纯度受到背景色的同化影响比较大。如果你想点缀一下页面，可以使用小面积的辅助色，而如果想突出强调，可以使用稍大面积的辅助色，但也要注意调整色彩的三个要素使对比不要过于强烈。色彩的面积会影响我们的主观感受，一平方厘米的红色让你感到一丝惊艳，一平米的红色能让你感到兴奋，而当你置身于红色之中，你会感到狂躁。

回到图 5.3 所示的几何形状的不同样式，这四种方式都是可行的，其可操作性也比较强，在对比效果上，纯色和渐变填充比轮廓对比效果要相对强烈，它们的视觉效果会更加突出一点，但也同时要注意要保持和谐，比如图 5.4 中上面的大面积红色区域与背景和其他前景部分的对比是非常强烈的，事实上它可以看成一张图片的所在区域，这里只是为了强调面积对比而已。

图 5.4

在用形状绘制图表时，快捷键和一些命令的灵活使用（见图 5.5）能大幅提高工作效率，而且有更好的精度和准确度。快捷键在其他很多元素中是通用的，不过在形状中的使用尤为突出。

同时选中多个窗格

当需要同时编辑两个或多个元素时，我们需要先同时选中多个窗格（或者说图层），可以用框选，不过框选要选中元素的每一个角落，与在 CAD 中不同，演示软件其实可以借鉴 CAD，两个方向对应不同的选中方式。也可以按住 Ctrl（Shift 键也可以），然后用鼠标一个一个选中需要选择的元素，如果选错了一个，Ctrl 键也不要松，再在元素上点击一次，又取消了选择。如果需要选中所有元素，可以用快捷键 Ctrl + A。当然，如果元素交叉太多不便于直接选中，可以打开窗格在窗格中进行选择。

调整几何形状大小和位置

选中形状后，Shift + 鼠标拖动直角上任意一个编辑点，能等比改变形状大小；Shift + Ctrl + 鼠标拖动四个直角上任意一个编辑点，保持几何中心位置不变等比改变形状大小；Shift + 方向键，改变高或宽；Shift + Ctrl + 方向键，细微地改变高宽；上下左右键调整位置，Ctrl + 方向键微调；Shift + 鼠标拖动正交移动。形状的大小位置也可以在格式选项中进行参数化控制。

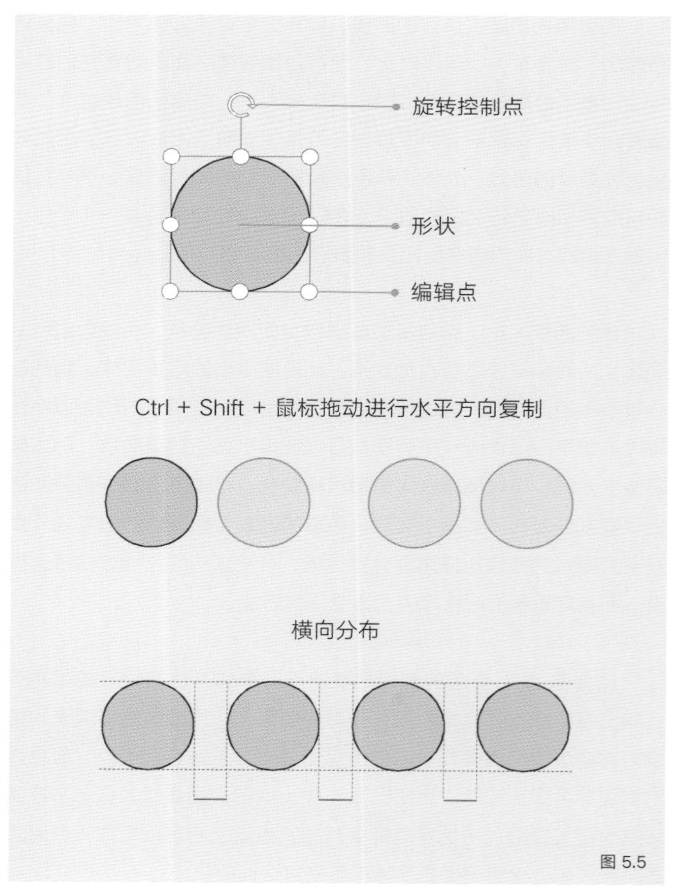

图 5.5

绘制形状常用快捷键与命令[①]

调整几何形状的数量

选中形状后，Ctrl + 鼠标拖动形状复制一份；Ctrl + Shift + 鼠标拖动形状在正交方向上复制一份；Ctrl + C / V，不多说，不过要注意演示软件中的不同粘贴选项是不同的；需要相同形状数量比较少的情况下，用快捷键可以快速解决，但是如果数量太多，则需要借助插件 Nordri Tools 中的矩阵复制和环形复制功能，这个功能其实就是阵列，这个功能以后可能会纳入到 PowerPoint 中。

调整几何形状的布局

PowerPoint 2016 有自动捕捉功能，界面上会自动显示对齐线和等距尺寸示意，但当幻灯片上的元素比较复杂时，自动捕捉会受到较大干扰，这时候可以使用一些命令来实现几何形状的快速布局。这些快捷工具包括六个对齐命令，分别是左右上下对齐和两个居中对齐；另外比较常用的还有纵向分布和横向分布，纵向分布与横向分布其实就是指在纵向上或横向上等距分布。为了方便我们使用这些命令，可以将这些命令添加到软件左上方的“快捷访问工具栏”中，读者也可以添加自己认为常用的命令。布局多个几何形状时，我们只需要同时选中需要进行布局调整的元素，然后在快速访问工具栏点击相应的命令即可。如果我们需要将几个元素看做一个整体，然后通过对齐来调整整体布局，可以先将这些元素选中，用 Ctrl + G 键进行组合，组合后仍然可以进行单个元素的调整。

① 形状绘制这部分有较多操作内容，读者可以在阅读时，打开 PowerPoint，分别插入一些形状、图片和文本框，然后对它们使用各个快捷键和命令，熟悉这些快捷键和命令是非常有必要的，在这个过程中，你也会发现文本和图片形状的对齐不是严格的边界对齐。另外，要注意对齐的基准，比如左对齐，是与最左侧的边界对齐，与选中顺序无关。而居中对齐不同情况下基准是不同的。

布尔运算与编辑顶点（见图 5.6 和图 5.7）

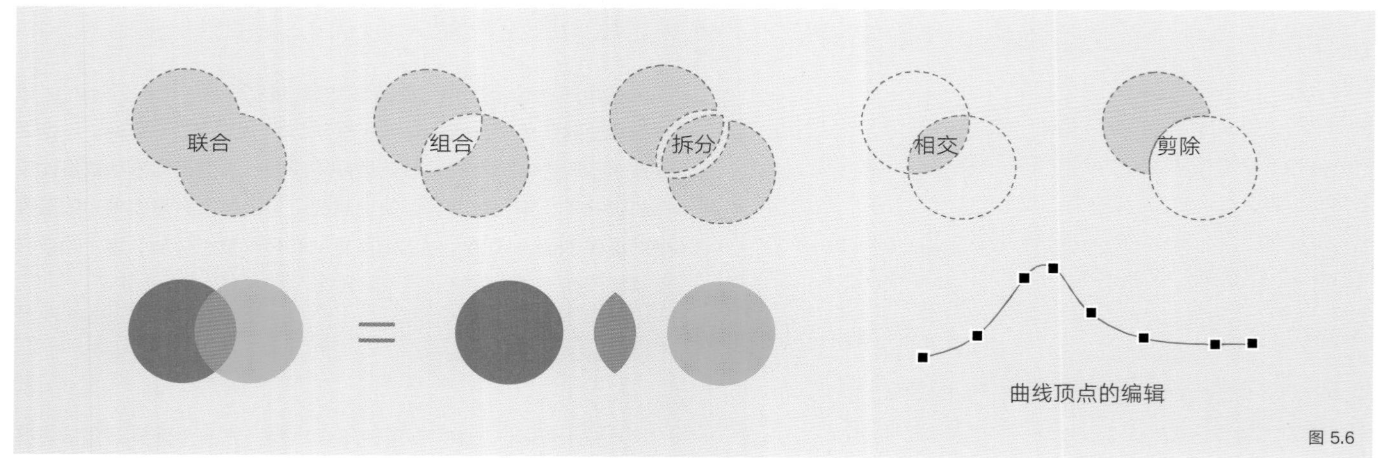

图 5.6

图 5.7

布尔运算能通过已有的几何形状得到新的几何形状，它与集合运算中的交、并、补等运算相似。做剪除运算的时候，需要先后选择两个形状，第一个被选择的形状是被剪除对象，剪除后的样式与第一个被选择的形状保持一致，做剪除运算之前要注意选择顺序和剪除与被剪除的关系。其他运算可以不用讲究选中先后关系。布尔运算同样可以用于文字，用文字去剪除形状，可以得到镂空的效果，用形状剪除文字，可以得到不完整的文字等等。相比前面的快捷键和命令，布尔运算用得较少。

图 5.8 是一个运用布尔运算的例子，幻灯片常用的布尔运算应该不会比这复杂。这个图标之前出现过，这里的做法主要是结合布尔运算的运用，仅作参考。最开始就是三个圆角矩形，需要注意圆角矩形的圆角大小、长宽比等等。第一步先用两个剪除运算将两个圆角矩形各“剪去”一部分，调整填充样式，第二步需要进行两次剪除运算，我将局部进行了放大。注意图中的两个交点也是两个切点，先用小圆将方形形状剪除，然后用得到的形状再一次剪除电池的正极部分。正极上下两端处理类似。注意控制好小圆的大小。

PowerPoint 中的曲线工具绘制出的曲线光滑度较低，往往需要进行多次调整。当我们拟合一些曲线图时，会经常用到“编辑顶点”这个工具，比如图 5.7 中的曲线和图 1.14（d）中的处理，都没有使用原始数据，直接采用拟合的方法，前提是对数据的精度没有绝对要求，在进行顶点编辑时，需要有耐心。

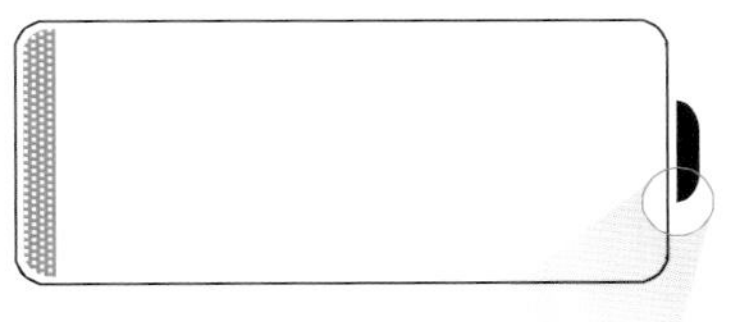

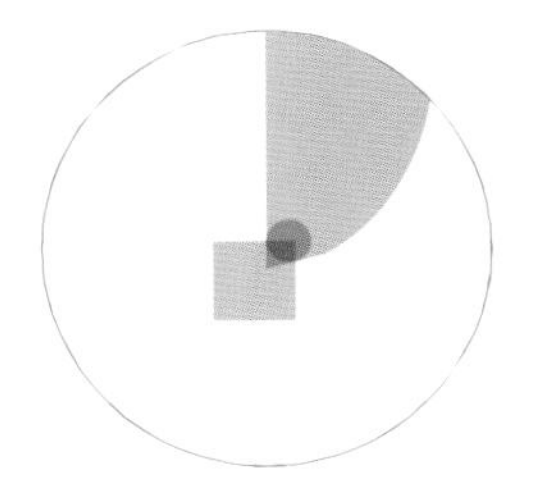

图 5.8

半透明效果的运用

透明度在演示文稿中的使用非常常见，图片，文本，形状等元素都可以调整透明度。透明度可以从 0~100% 进行调整，数值越大，越透明，PS 和 Keynote 中恰好相反。透明度可以帮助我们调色，比如图 5.10，利用透明度可以从颜色对比的角度来进行强调，几何形状透明度增加时会被弱化，文本透明度的调整类似。

使用透明形状和图片叠加时，色彩会向两者的中间值靠拢。比如半透明色块饱和度值为零，与饱和度不为零的颜色叠加，叠加后饱和度会降低，但不会降到零。再比如黑白照片与灰色透明色块叠加，明度向中间值靠拢，叠加后，照片上黑的地方变亮一点，白的地方变暗一点。也就是说，透明色块与图片进行叠加后的整体效果是削弱了图像的颜色对比信息，这在制作演示文稿时比较常用，能方便我们加上文本信息（图片的干扰减少）。

还有图片也可以使用透明度，需要注意的是图片的透明度不能在图片格式中直接调整，先插入和图片宽高比相同的矩形或圆角矩形等形状，然后将形状的填充样式改成图片填充并修改填充透明度，这是在 PowerPoint 中调整图片透明度，Keynote 中图片有直接调整透明度的选项，另外，Keynote 中不在幻灯片画布内的内容，会自动变成半透明，这个界面处理为用户提供了便利。图 5.12 中透明度的调整是可操作性很好的构成对比方法，除了用到透明度的对比，还用到了大小的对比，这结合神奇移动动效或者变体动画①能达到很好的演示效果，并且符合逻辑关系。

---

① 神器移动动效是 Keynote 中非常好用的动画效果，变体是 PowerPoint 新版本中添加的功能。这本书没有什么关于动画的内容，一张实用幻灯片的动效处理最关键的是符合演示逻辑，把握这一点就会发现常用的动画就只有几个。

半透明效果的运用

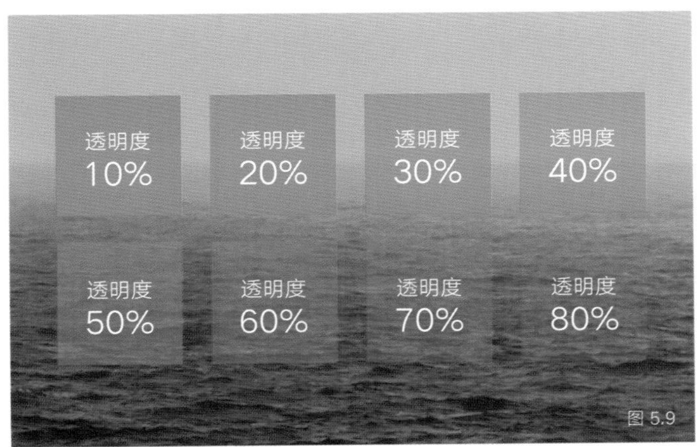

图 5.9

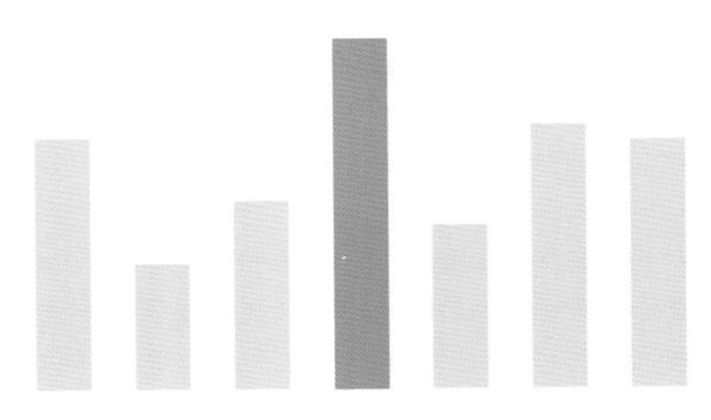
图 5.10

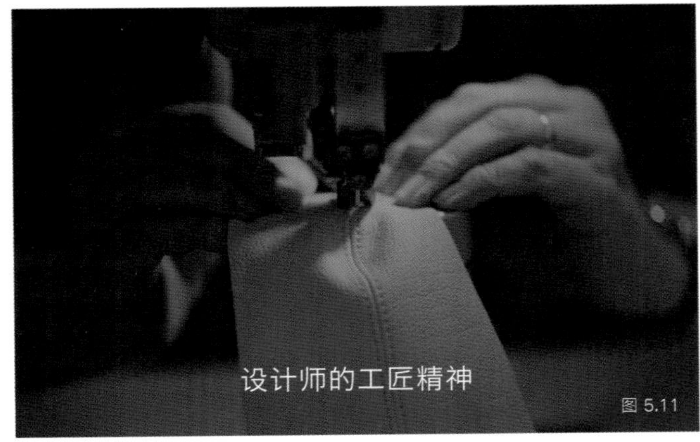

图 5.11

图 5.12

几何形状的绘图功能（见图 5.13 和图 5.14）

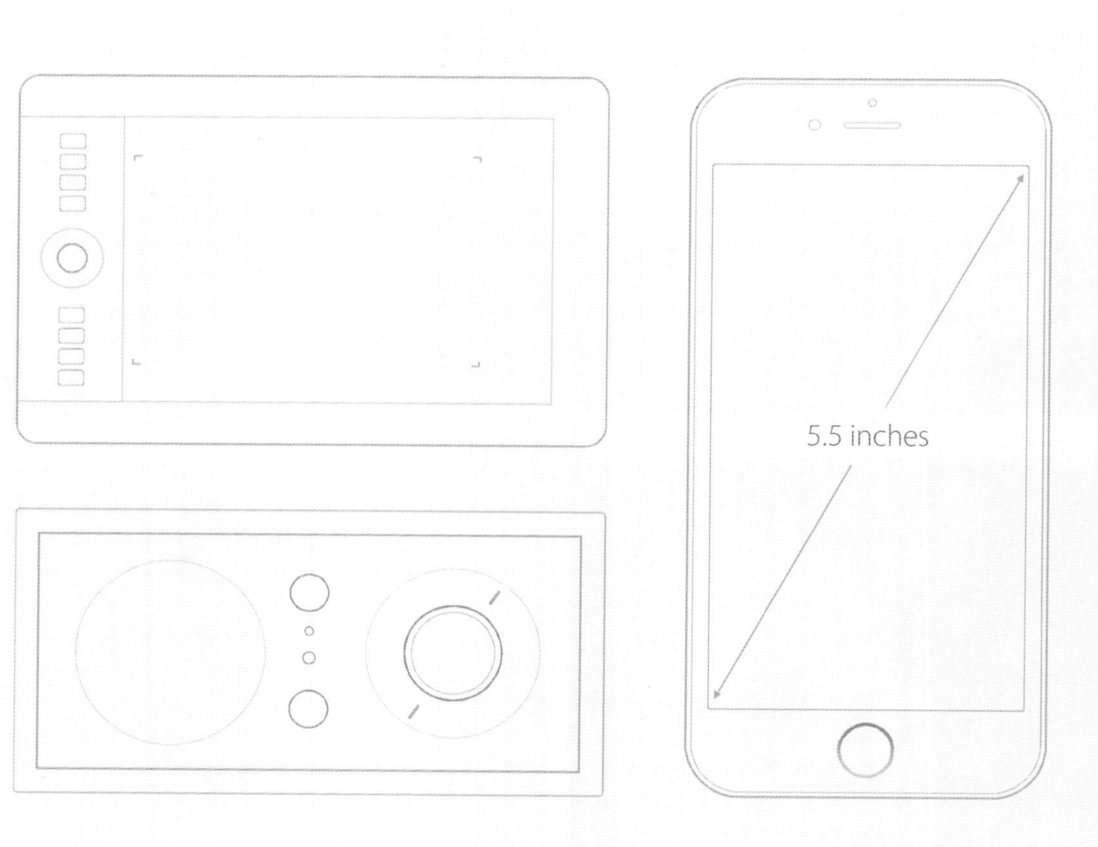

图 5.13

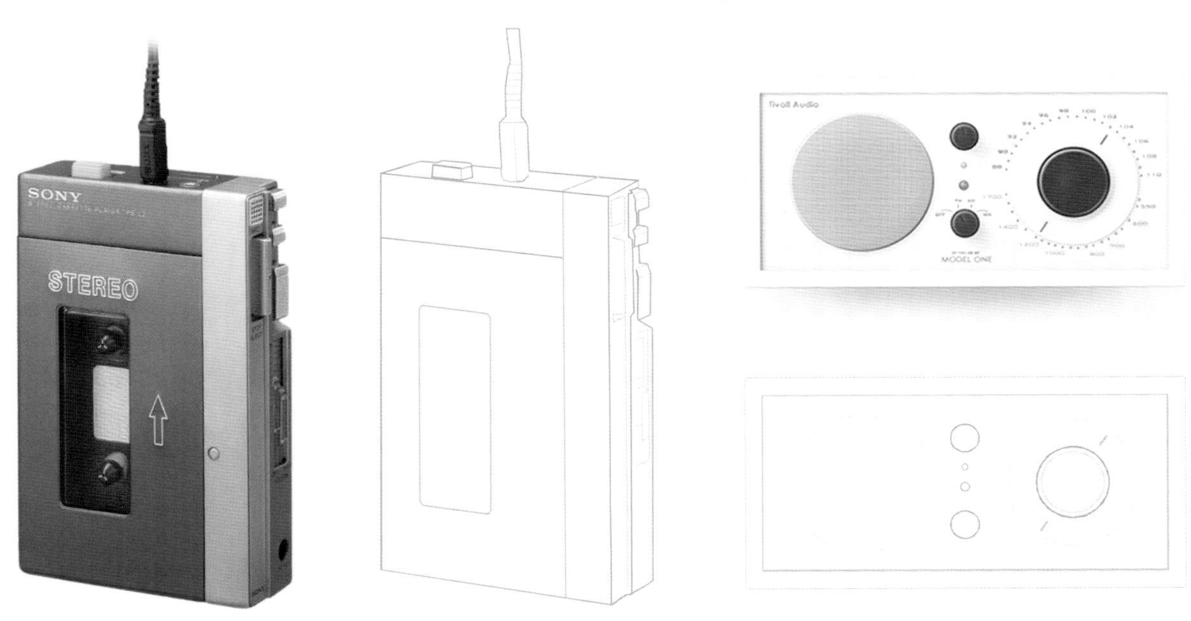

图 5.14

用形状功能绘制复杂的图形的效果并不是很好，也很烦琐。相比之下，通过搜索图片然后加以处理比较常用。

图表的实质

演示文稿中的常用图表其实可以看作人们为了更直观表述一些数据信息而约定的一些规范。图形能很好地描述相对关系，而文字能准确描述绝对数量，将这两者取之而互补，就能得到我们常用的一些图表。所以，图表其实就是文字和形状有组织的组合。而插入图表这一功能选项其实就是已经为你组织好了的文字和形状，只要在对应的位置输入匹配的数据信息即可。

我们在制作幻灯片的时候，常用的统计分析图表为柱形图、折线图和饼图。在柱形图中，我们通过条形高度去反映数据大小，多个条形可以直观反映不同类别数据的大小关系，在类别中增加“系列”这一维度，还可以直观比较同类别中不同系列数据之间的关系。比如某企业不同年份的收入构成图表分析就可以使用这种堆积柱形图（年份是类别，将收入构成分为不同系列）。

在 PowerPoint 2016 的图表插入功能中，每一类图表下，还有不同分类，比如柱形图分为簇状柱形图、堆积柱形图和百分比堆积柱形图等等，具体不同种类图表的使用依赖于数据本身和我们希望通过数据获取的信息，比如国家不同年份的 GDP 在第一，二，三产业的分布，我们可以通过堆积柱形图获取各个产业 GDP 的绝对数值变化情况，而百分比堆积柱形图能让我们看到国家产业结构的变化，注意这两者之间是存在很大差别的。对柱形图修改一下就能变成折线图，折线图能反映相对大小和变化趋势。柱形图和折线图要反映精确数值，还需要另外加上数据标注。

折线图和柱状图还可以复合使用，比如某件产品不同年份的销售额可以用柱形图，然后后一年相比前一年销售额的增长率可以用条形图，将这两个图表复合在一起，能反映更多的信息。软件中也有插入“组合图表”这一功能。饼图反映的是比例，但要注意的是并不是只有饼图能反映比例，条形图也是可以反映比例的，比如百分比堆积柱形图。其他图表基本上都是这三种基本图表的变式，比如瀑布图是柱形图的变式；雷达图、面积图是折线图的变式等。在使用图表的时候，如果能用基本类型的图表呈现清楚，就不要使用不常使用的图表，否则会增加阅读者和观众获取信息的难度。本书第 7 章介绍了一个类似的关于图表的例子。

在演示文稿中，图表的使用优先于表格，也就是说，相同信息既可以用图表，也可以用表格呈现时，优先使用图表，但如果表格比较复杂，用图表并不能更好地直观反映信息，甚至会更复杂，这个时候，我们可以直接使用表格。PowerPoint 中的图表和表格功能制作的图表的默认样式很多时候不能很好地符合要求，所以，在制作图表或者表格时，我们会进行一些优化。不过在这之前，我们需要弄清楚如何选择正确的图表类型，如果一开始就选错了图表的类型，后面的优化就没有意义了。选择合适的图表的举例有限，后面提供了一张比较完整的结构图供读者参考。图 5.15 表示的是中日美三国 GDP 的增长趋势，图 5.16 是不同大陆人口和陆地面积的分布，很显然图 5.16（a）中的图表类型是更加合适的，不过在正式使用时，需要给出图例、单位、数据来源、标题等内容。

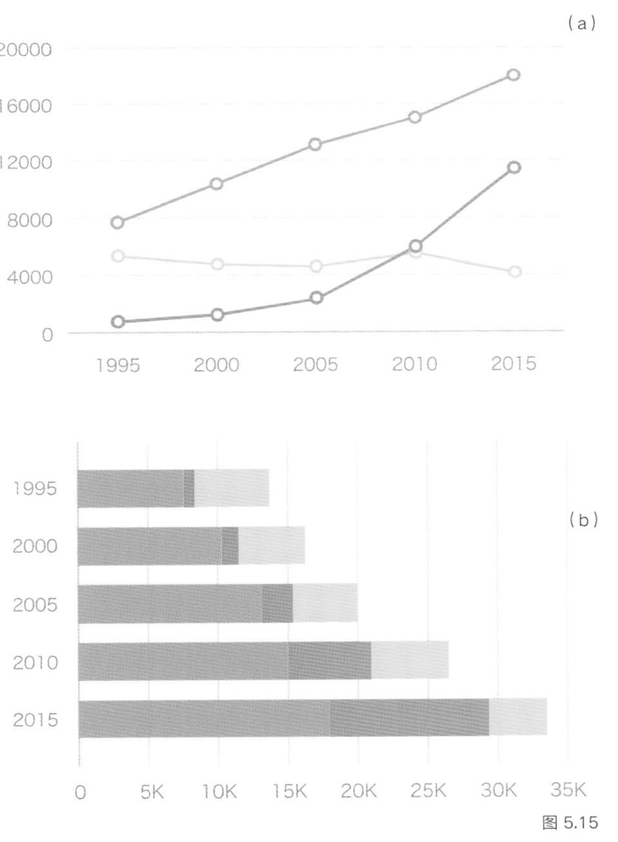
(a)
20000
16000
12000
8000
4000
0
1995
2000
2005
2010
2015
(b)
1995
2000
2005
2010
2015
0
5K
10K
15K
20K
25K
30K
35K
图 5.15

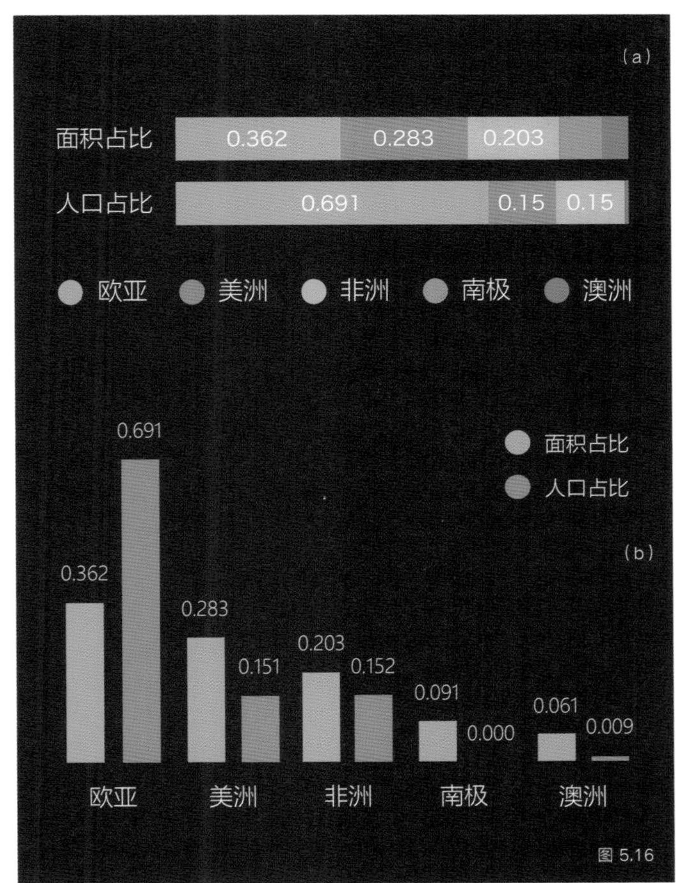
(a)
面积占比
0.362
0.283
0.203
人口占比
0.691
0.15
0.15
欧亚
美洲
非洲
南极
澳洲
0.691
面积占比
人口占比
(b)
0.362
0.283
0.151
0.203
0.152
0.091
0.000
0.061
0.009
欧亚
美洲
非洲
南极
澳洲
图 5.16

图表类型选择参考

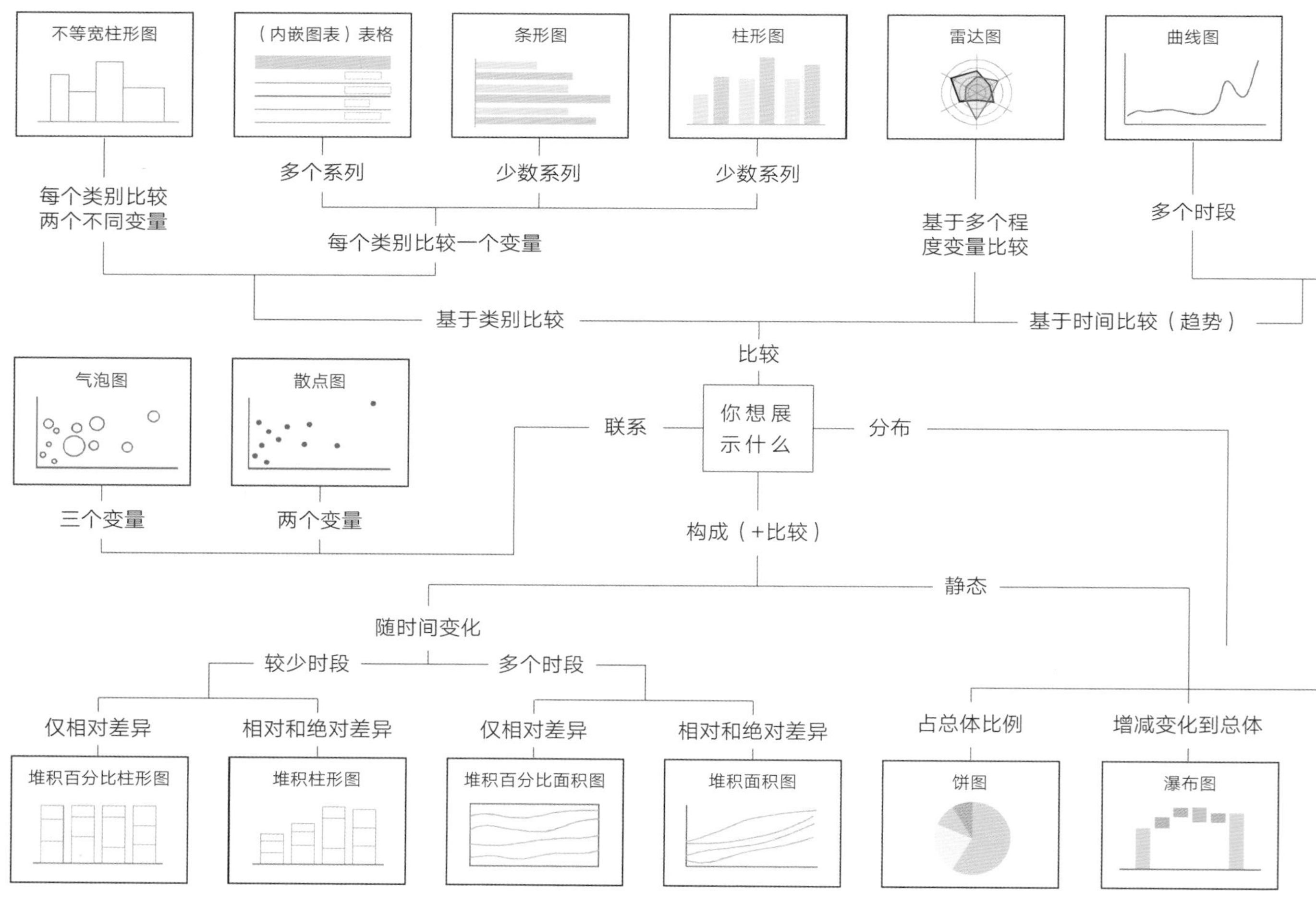

不等宽柱形图
（内嵌图表）表格
条形图
柱形图
雷达图
曲线图
多个系列
少数系列
少数系列
每个类别比较
两个不同变量
每个类别比较一个变量
基于多个程
度变量比较
多个时段
基于类别比较
基于时间比较（趋势）
比较
气泡图
散点图
联系
你想展
示什么
分布
三个变量
两个变量
构成（+比较）
静态
随时间变化
较少时段
多个时段
仅相对差异
相对和绝对差异
仅相对差异
相对和绝对差异
占总体比例
增减变化到总体
堆积百分比柱形图
堆积柱形图
堆积百分比面积图
堆积面积图
饼图
瀑布图

图表类型选择参考（续）①

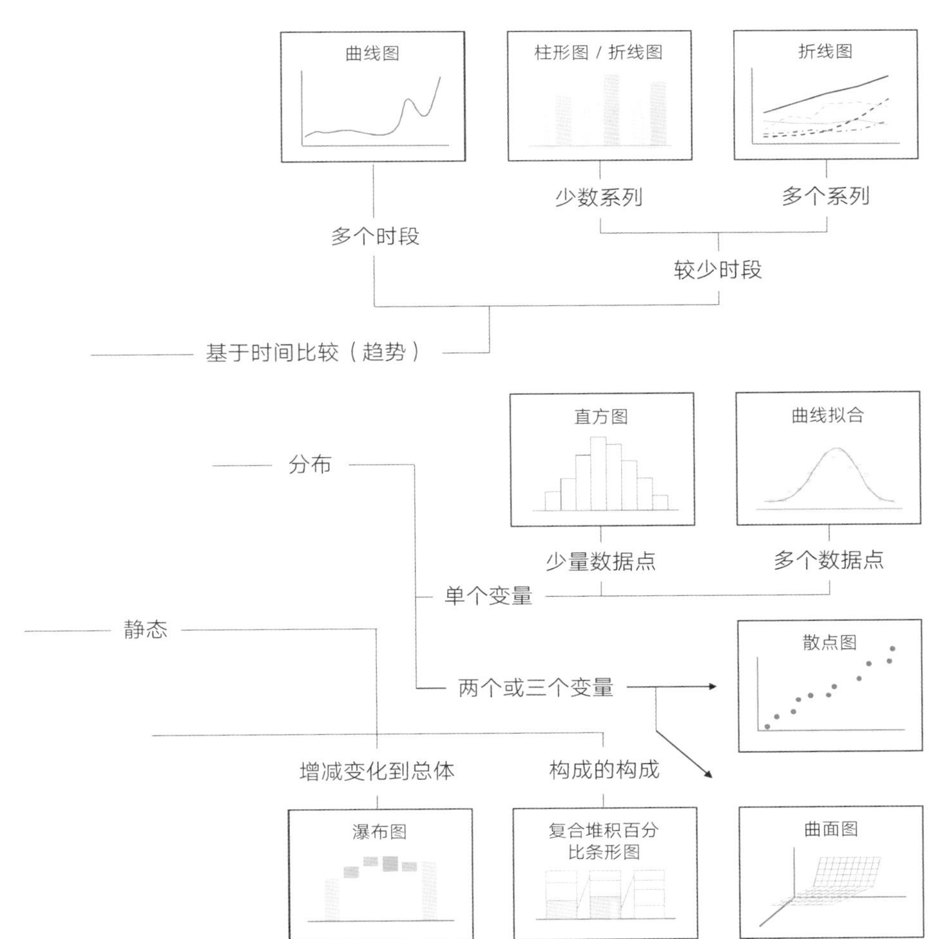

① 此页结构图接上一页，参考 Andrew Abela 整理的《图表类型选择参考指南》，此处改动了其中的一些细节，比如雷达图被单独划分出来，适用依据为多个程度变量的比较，这个参考适用于幻灯片中绝大多数图表。希望读者能明白图表的实质，这样就并不需要照着这个图去找对应的合适的图表，而是结合数据和需要呈现的信息能很清楚地知道需要使用什么类型的图表。

一张完整的曲线图示例（见图 5.17）①

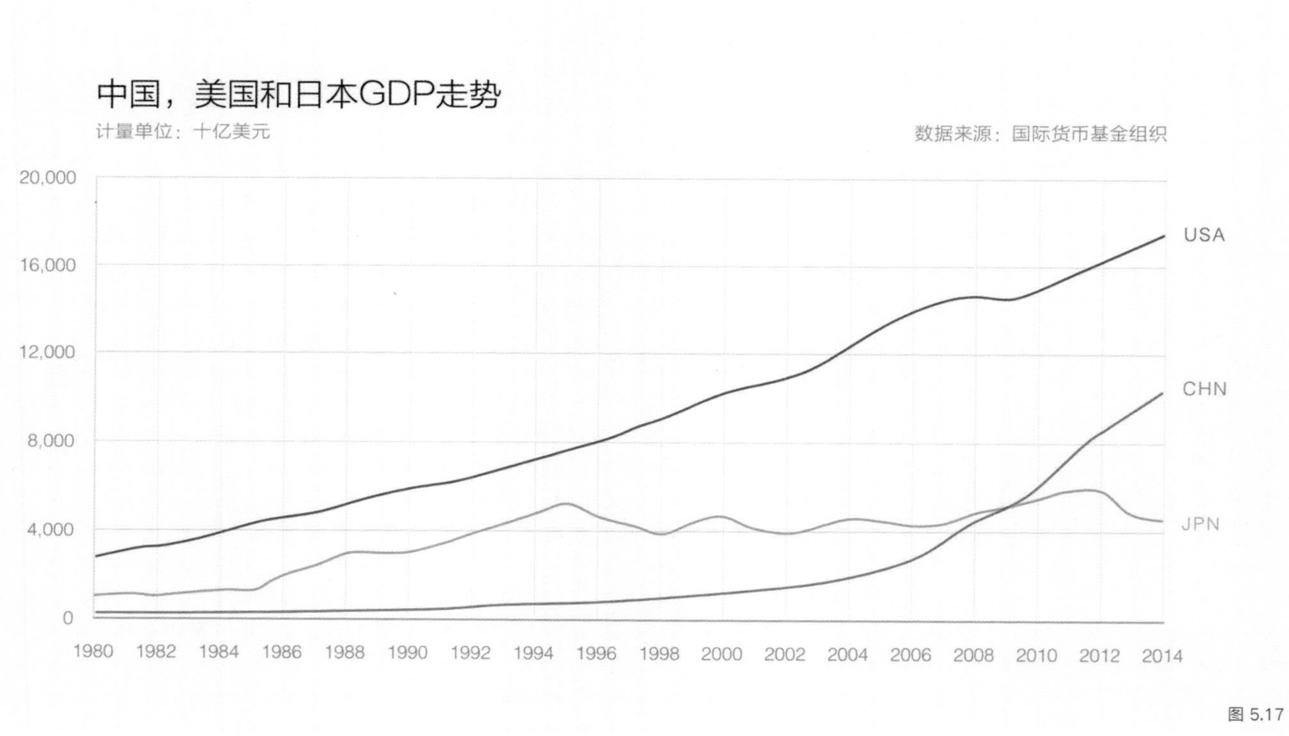

图 5.17

① 图 5.15 中 GDP 变化趋势每 5 年取一个数据是不够严格的，更严格准确的做法见图 5.17。

折线图与条形图复合示例（见图 5.18）

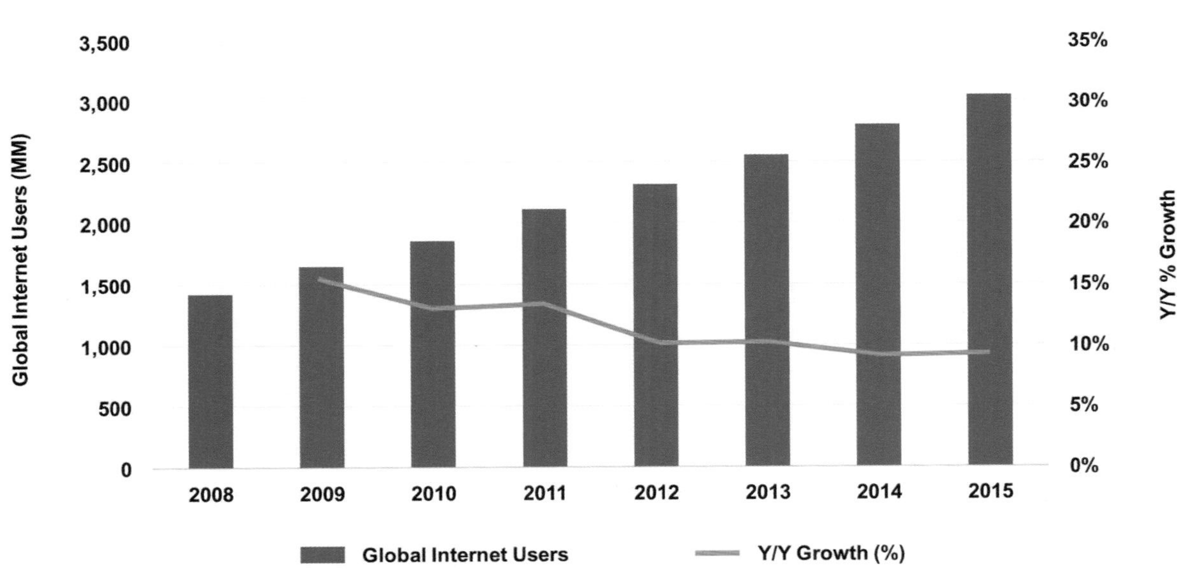

图 5.18

图 5.18 中字体为 Arial MT Std，来源于 *KPCB INTERNET TRENDS 2016*，这个报告中有近 80 页图表，建议读者浏览阅读。

图表的制作与优化思路

图表的绘制可以使用 PowerPoint 中自带的插入图表功能，在绘图区格式设置中可以对图表的坐标轴、线条、标记等等要素进行调整，如果你使用过图表插入功能就知道，这一部分的调整比较烦琐，属性面板中选项太多，需要经常切换不同选项。

其实图表也可以直接用形状绘制，比如柱形图，折线图的构成就是线条、矩形、文本框、圆形、折线（可以用“任意多边形”工具绘制）等等，这些元素都是可以直接插入的。这时，灵活使用快捷键和命令就显得非常重要，比如条形图的多个条形可以用横向分布、底部对齐，横坐标数据要横向分布并与对应条形对齐，图表网格线要纵向分布等等，包括选中这些元素也有技巧，什么时候用鼠标点击多选，什么时候用框选，什么时候两者结合用，熟悉这些都能提升速率，如果选中后进行一次调整不满意，可以按 Ctrl + Z 键回到选中时的情况，不必再选一次。

但用形状绘制也有缺点，比如在精准度上不如图表功能，比如一开始需要一个个元素添加，虽然可以用快捷键快速复制，但肯定比图表功能逊色，而形状功能的优势，在于“所见即所得”的可自由调整和编辑，这种可编辑的自由度比图表功能要方便。于是我们需要找到一个方法能结合两个功能的优势，其关键就在于如何将一个插入的图表转换成单个的形状和文本框。这里我们需要使用“选择性粘贴”。需要注意的是，选择性粘贴成独立可编辑元素后，它们的数据没有得到保留。所以，不要急着就把原始图表删除了。

将图表插入功能得到的图表复制，然后在粘贴选项中找到“选择性粘贴”，选择“图片（增强型图元文件）”，接着取消组合两次就将图表拆分成了形状和文本框，（注意有些部分仍然会组合在一起，比如表格中的横向网格，如果你觉得线条太多了，可以在原有的基础上再用形状工具添加几条线条，然后删除原有的）然后选中需要调整的元素进行编辑调整就可以了。

图表的优化首先是色彩和字体，要符合和谐统一的原则。辅助色的使用要满足对比与调和的原则。横向网格线的数量控制在 5~8 条左右，根据实际情况考虑是否添加纵向网格线，和是否使用密集的网格。网格线属于次要信息，可以将其不同程度的弱化（一般通过调整透明度处理），包括在处理表格时，在不影响信息传达的前提下，可以将多余的网格线去掉，将剩下的网格线弱化。有时候，我们也会将数据在对应的位置标出，此时网格线和坐标刻度对应的数据也不是完全必要的了，一些情况下可以删除。

图表的处理非常依赖于参考的样式，建议经常使用表格和图表的读者多参考一些其他好的设计样式，形成自己的习惯用法，这样有利于大幅提高图表和表格的制作质量和效率。这里提到的图表制作的不同思路仅供参考选择，依个人习惯而定，我个人倾向后面两种调整和编辑更自由的思路。图 5.19 是《VR / AR 行业报告》中的部分图表和表格处理举例，数据来源于拉勾网。第一张表示地理位置分布的图表中，“点”起到了很重要的作用。

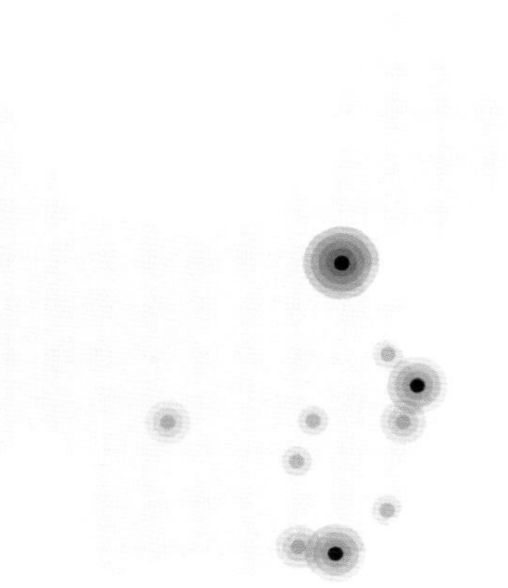

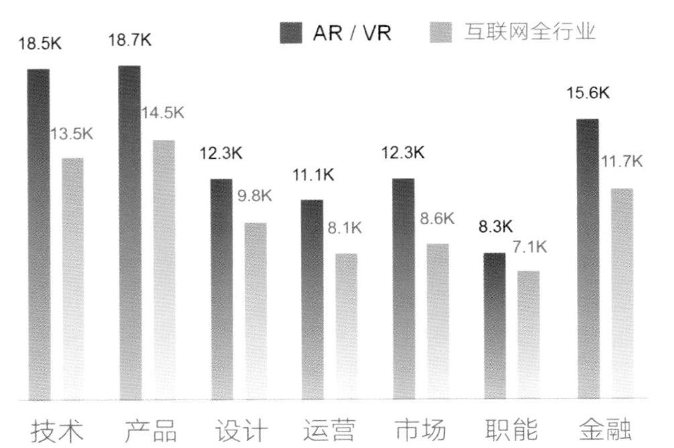

公司核心岗位发布占比 单位%

岗位	技术	产品	运营	设计	市场	职能
2014	58.3	12.4	10.6	8.2	6.6	3.5
2015	53.2	9.4	13.4	9.2	9.3	5.1
2016	50.5	9.0	12.7	9.2	12.3	6.3
走势	↓7.8	↓3.4	↑1.1	↑1.0	↑5.7	↑2.8

核心职能投递量占比 单位%

投递	技术	产品	运营	设计	市场	职能
2014	38.6	20.7	18.2	10.5	8.6	3.2
2015	38.1	15.1	18.7	12.5	10.7	4.5
2016	38.4	13.5	18.8	13.7	11.3	5.1
走势	↓0.2	↓7.2	↑0.5	↑3.2	↑2.7	↑1.9

图 5.19

其他可参考图表样式

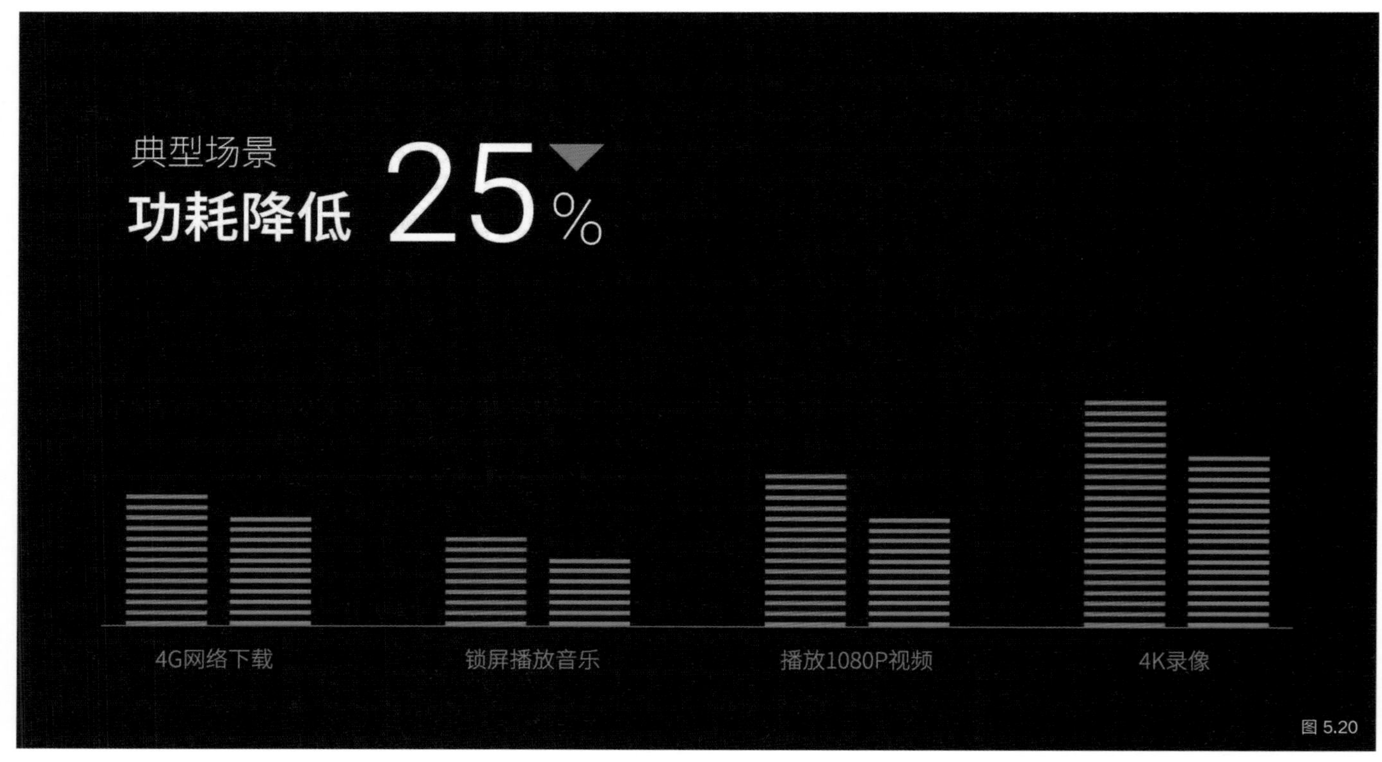

图 5.20

图 5.20 来源于魅蓝发布会中的一张幻灯片，这张柱状图应该是用几何形状绘制的；

如果你浏览一些网站，比如 Behance，在一些设计作品中可以发现很多图表样式，可以参考一些具有实用性和可操作性的样式。

借助地图显示分布信息样式举例（见图 5.21）

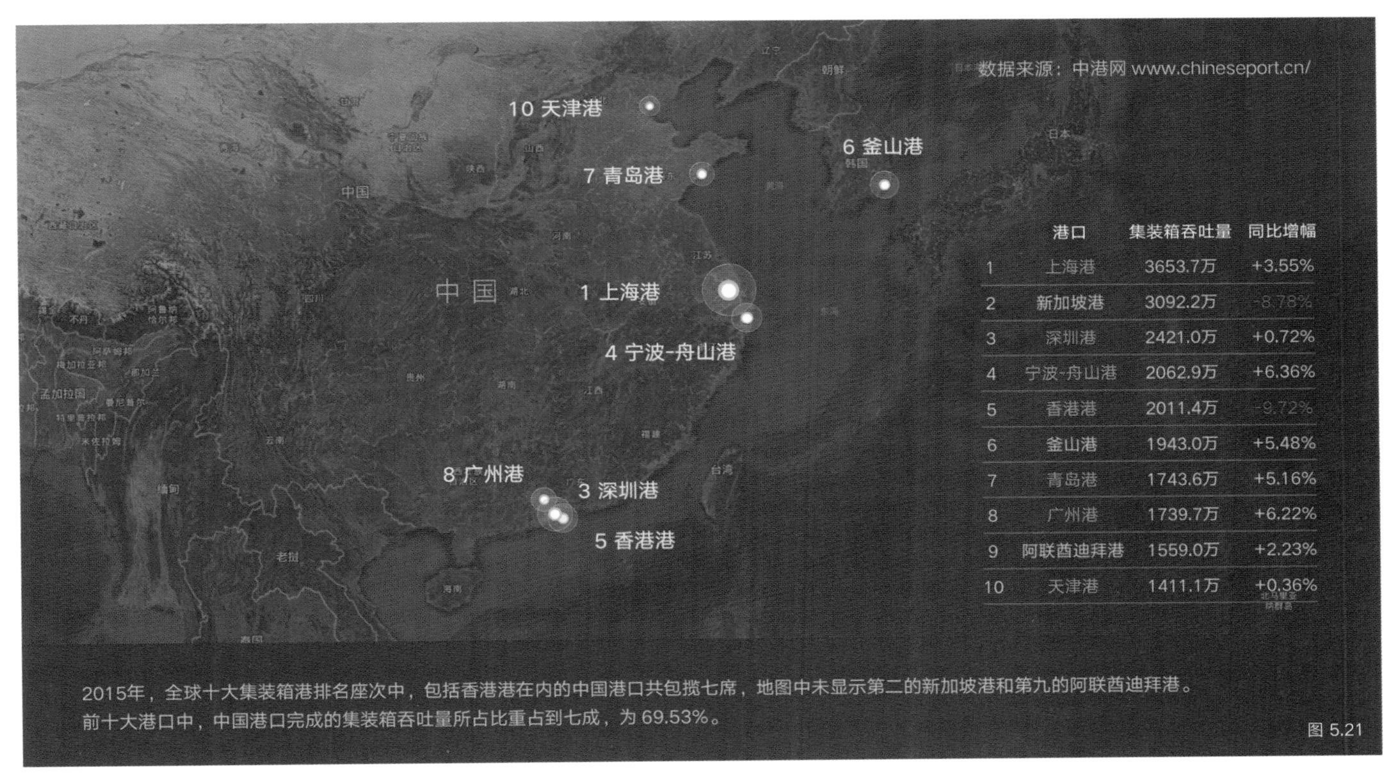

图 5.21

图 5.21 为梳理稿的做法，演示稿参考《穹顶之下》，地图来源为谷歌地图；

在图 5.21 所示幻灯片右侧表格中，“港口”列的蓝色表示中国的港口，“同比增幅”一列的红色表示港口集装箱的吞吐量减少。

雷达图样式使用举例（见图 5.22）

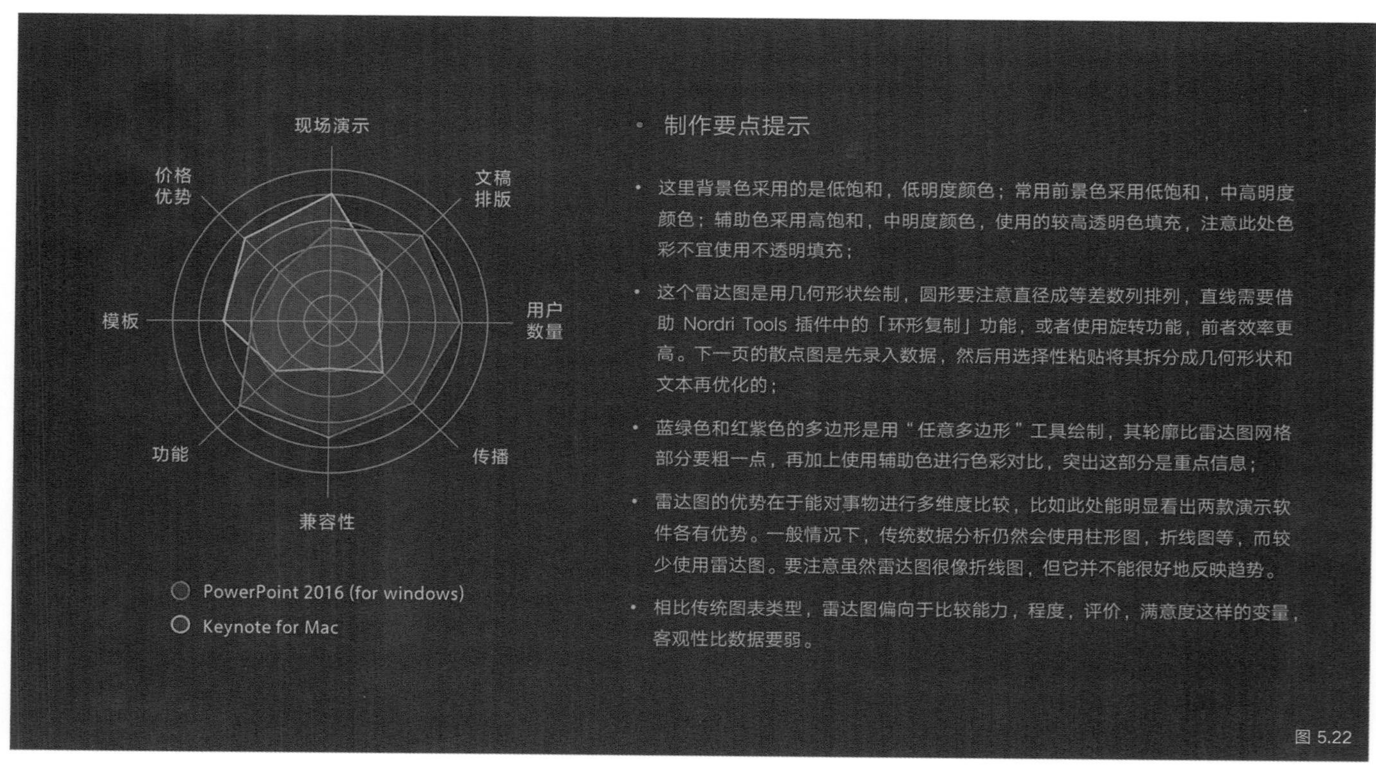

图 5.22

图 5.22 中，关于两款演示软件的比较属于个人看法，没有比较交互和可操作性是因为与个人习惯关系比较大；
雷达图与散点图之间也有相似之处，雷达图可以通过多个维度来比较两三个事物，而散点图可以通过两三个维度比较多个事物。

散点图样式使用举例（见图 5.23）

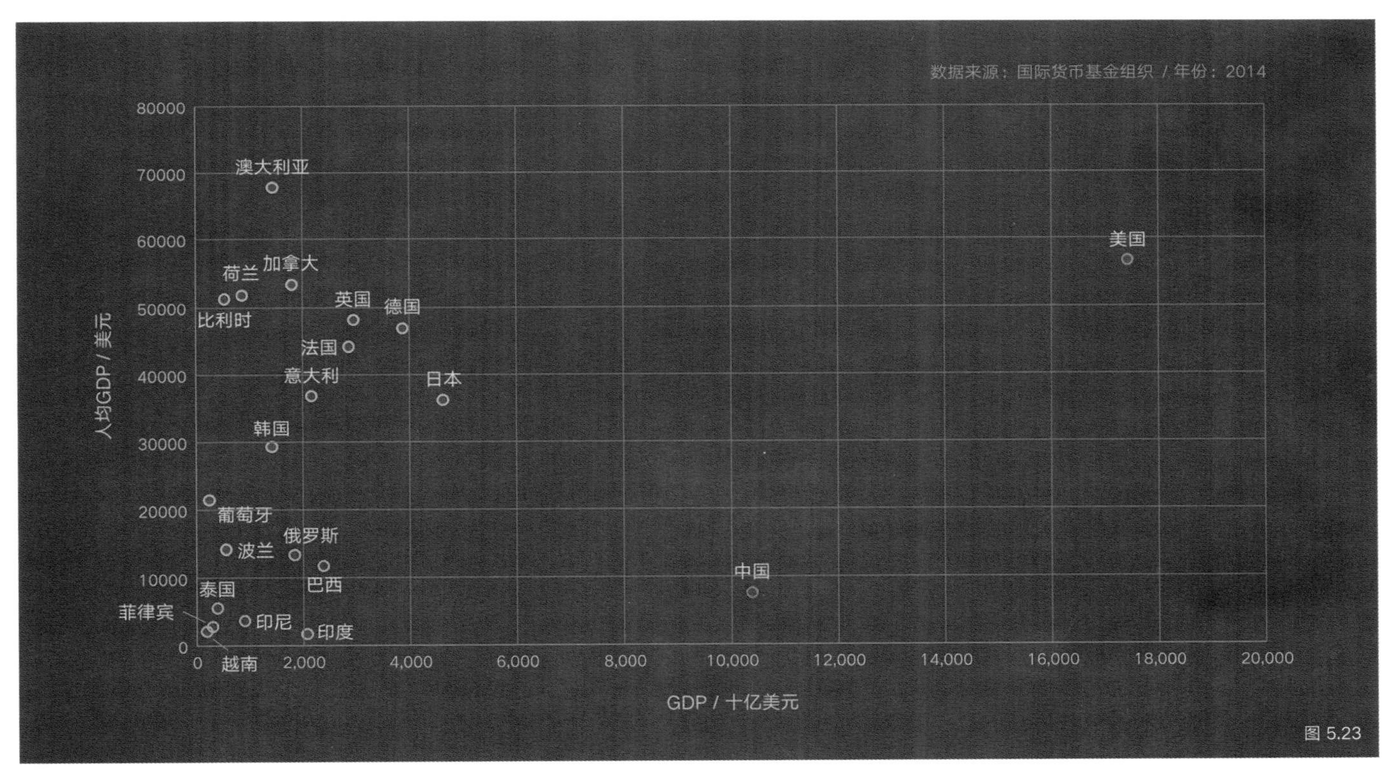

图 5.23

散点图能判断相关性，也能通过两个维度对多个事物进行比较，图 5.23 中四种颜色大致代表了四种经济体类型。

还有其他的情况，比如产品的市场定位，两个维度分别是价格和年龄，并比较同类型产品在两个维度上的分布，也可以视为散点图。

合适地使用图标[①]

图标的本质其实也是用图形来传递各种信息，它具有高度浓缩并快捷传达信息、便于记忆的特性。交互界面上会使用图标来告诉你命令的功能，比如演示软件上的一系列对齐图标。广义的图标也包括高速公路上用来提醒驾驶者各种交通信息的指示牌，还有企业的 Logo 等。在演示文稿中使用图标，首先要满足的要求就是图标本身的易识别性和信息准确性，这意味着这些图标表示的是生活中常见的事物并且很容易由这个图标联想到对应的事物，第二个要求是图标要与幻灯片中的内容构成联系，不能为了使用图标而使用图标。这两点要求是由内容决定的，形式上的处理仍然是要满足第 1 章中的原则，图标在演示文稿中最重要的处理原则是单纯与齐一。

整个演示文稿中用到的图标肯定要统一，在扁平和拟物两种思路中提到过不要混用两种图标，除非演示文稿内容本身就是比较不同的图标。另外，选择图标尽量从同一套图标中选择，或者使用时注意好图标的统一，比如线型的粗细、是否有圆角等等细节。对于处于同等位置关系的图标，它们之间的色彩关系、面积关系都要注意处理好，不能某一个或两个图标特别抢眼。

使用图标常见的一个误区就是去硬搬一些模板上的做法，如图 5.24 这张幻灯片。这样很容易出现的问题就是图标与内容之间构不成联系，这样图标就成了无关但又易获取的信息，从而干扰其他信息的获取。在这张文稿中，你第一眼关注的就是中间的 8 个图标并很容易过滤掉其他信息。

图 5.25 所示幻灯片中的图标取代了相应的文字说明，信息匹配上没有问题，并列关系的处理上同样没有问题，但这张幻灯片中的小字号文本的做法只适用于阅读稿中，而不适合用于演示稿中。

图标在演示文稿中的使用一定要合适，要能实现信息的更高效而准确的传达，而不是成为干扰项，包括其他的元素同样如此，合适的字体和文本、合适的图表、合适的点线面、合适的图片等，而这些合适的元素的合理组合就构成了合适的信息呈现方式。是否能够做到“恰到好处”是影响一张幻灯片能否称得上经典的最重要因素，“用幻灯片创造美”其实就是借助演示软件和其他的一些工具并使用能掌控的恰当的方法来合适地呈现信息。

---

① 图标的使用可以参考手机常用 App 里面的一些图标，因为这些图标基本上都是大部分人能明白意思的，如果你在幻灯片中使用了一个自己都不太能看懂的图标，那这个图标肯定是不合适的。

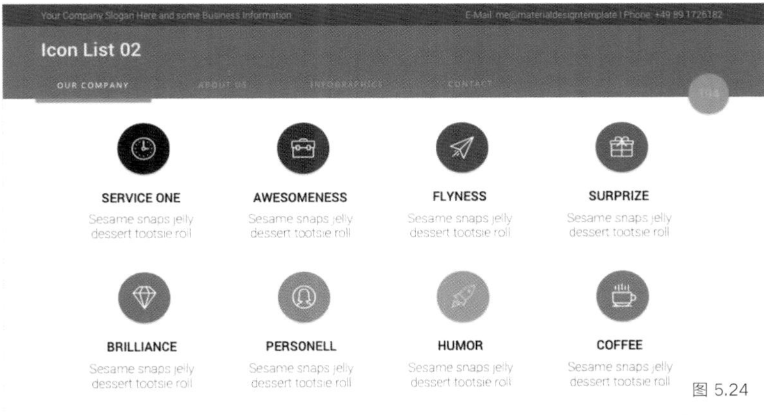

图 5.24

CONTACT

Weibo.com/example　example@mails.com　1234567890

图 5.25

图 5.26 中的图标是通过 PowerPoint 2016 的应用商店中的加载项实现的，加载项是 Emoji Keyboard。在应用商店中搜索就能找到，它其实相当于一个小插件。使用这个加载项中提供的图标的优点在于尺寸和形式都很容易达成统一，尺寸可以自己选定大小，形式上扁平化。虽然数量有限，只提供了表情、动物、食物、运动、旅行、物件、国旗、符号这几个种类，但使用起来比较方便。

图 5.27 所示的图标是目前使用比较广泛的图标类型，也是在网上比较容易找到的图标类型，我们可以通过一些图标网站，比如阿里巴巴矢量图标库（www.iconfont.cn/）来搜索我们想要的图标。如果找不到合适的 icon，可以借助其他网站，只要用搜索引擎搜索“how to find icon”就能得到很多相关的网站。不过图标在幻灯片中也并不算常用的元素，借助一两个网站也够。

图 5.26

图 5.27

乔布斯在 2007 年发布 iPhone 时的经典引入就是通过三个图标的“旋转动画”实现的。三个图标大致如图 5.28 所示，当时使用的图标有光影变化和较强质感。发布的引入用了一个“旋转动画”暗示，并来回放了两次，将观众的好奇心都充分地调动了起来，当乔布斯说出“Are you getting it? These are not 3 separate devices, this is one device.”的时候，观众都开始欢呼起来。

图 5.29 所示的是苹果发布会中 Logo 的处理方式，将色相信息都去掉了，变成单一的白色，保留了形态信息，这样处理能够增强图标之间的一致性，也仍然保留了图标的可辨别性。注意这张幻灯片中 Logo 的布局使用的是面积对齐，而不是边界对齐，Logo 之间很明显处于并列关系，所代表的学校同样都是“合作方”，这些细节也是非常重要的。

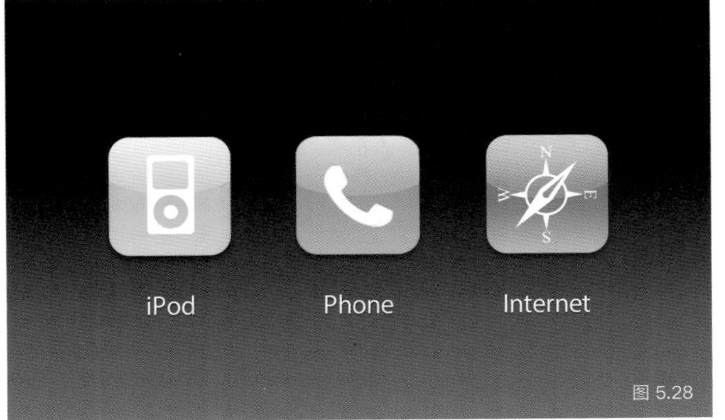

图 5.28

图 5.29

乔布斯 2007 年发布 iPhone 的引入（见图 5.30）

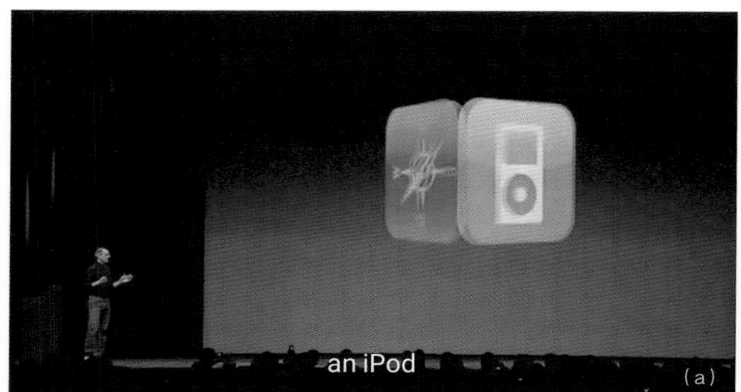

(a)

(b)

(c)

(d)

图 5.30

图 5.30 来源于乔布斯于 2007 年发布 iPhone 的视频截图。

Logo 使用举例（见图 5.31）[①]

图 5.31

① 图 5.31 所示幻灯片不是扁平的做法，从其布局上能明显看出网格与对齐的作用，Logo 同样是面积对齐而不是边界对齐。

关于 Logo 的搜索

制作演示文稿有很多内容需要借助网络搜索，这一方面做得好能大大提高效率，做得不好在情绪上和时间上都有不良影响。首先硬性条件是网络要畅通，否则没法进行下去，其次要靠“三板斧”——VPN，谷歌搜索和英文搜索。VPN 能帮助你访问谷歌搜索和地图等服务，Google Chrome 是比较高效的搜索引擎。而使用谷歌搜索时，英文搜索有时候要优于中文搜索，一般情况下会中英文结合搜索，甚至尝试多语言也是可以的。

比如图 5.32 是使用谷歌搜索大众 Logo 的结果，在搜索框输入“Volkswagen logo.png”，第一个搜索结果就是符合要求的保留了透明效果的 PNG 格式文件。其他搜索引擎的结果，有兴趣的读者可以去试一下。谷歌搜索图片在搜索结果和界面上都具有较大的优势，使用得好能给自己省去很多麻烦，基本上一些常见的 Logo 都可以通过谷歌直接搜索到，免去了其他搜索渠道和抠图操作，比如图 5.31 所示幻灯片中的图标即为如此。

其实不止是搜索 Logo，制作演示文稿时经常要用到这“三板斧”。我们还会使用谷歌 Chrome 的一些插件，来辅助我们制作演示文稿，比如 WhatFont 能帮助我们识别网页上的字体（对英文字体支持比较好，不过不能是网页位图上的字），Image Downloader 能帮助我们捕捉一些网站上的图片；EagleGet 能帮助我们识别和捕捉网站上的视频等。我们还能借助 VPN 访问一些其他站点，比如 Creative Market、YouTube、SlideShare 等等。

Google
Volkswagen logo.png
全部
图片
新闻
视频
地图
更多
搜索工具
保留了透明效果的.png格式文件
File:Volkswagen Logo.png - Wiki
相关图片：
Google
英文搜索
VPN

图 5.32

6 幻灯片中的图片

图片格式与质量

在讨论字号的时候，我们提到了 PPI 等概念，在制作演示文稿的时候，这些看似无关的概念实则是非常重要的，因为这直接关系到我们所看到的演示文稿的效果。屏幕显示的图像是通过一个一个的像素点排列组合而形成。PPI 为 300 的手机屏幕意味着每平方英寸能显示 300 × 300 = 90,000 个像素，1080P 屏全屏能显示超过 200 万个像素点。

计算机中的图像是按照像素点信息来存储的，保存图片时，有很多格式选项，不同的格式会有不同的算法，比较常用的是 JPEG 和 PNG 格式。这里推荐使用 PNG 格式，PNG 格式保存图像时是无损压缩，对图像的色彩没有影响，也不可能产生颜色的损失，可以重复保存而不降低图像质量。另外，PNG 格式图像文件能保留图像的透明度信息，这是 JPEG 格式所不具备的特点。这也是我们在搜索 Logo 时，在后面加上一个 PNG 后缀的原因，当然，用谷歌限定文件格式搜索也可以，比如在搜索框输入" [png] Volkswagen logo"，得到的结果有较高的重合度。

之前还提到插入 PowerPoint 中的图片尽量使用 PPI 为 96 的图像，更大的 PPI 也没有问题，但尽量不要使用 PPI 小于 96 的图像，因为这样容易牺牲图像的清晰度，并且插入软件之后，可以缩小，但不要将图片拉大，否则同样容易牺牲图片的清晰度，如果实在找不到大一点尺寸的图片，就只能将就一下。简单点说就是插入 PPI 为 96 的 PNG 格式文件，这样定下来就不用再多想什么了。

提到图片，就离不开位图处理软件。演示软件自身有较强的形状功能，它比较适合制作和处理表格，绘制示意图等等，但在处理位图方面，无论是 PowerPoint 还是 Keynote，都不是专业的工具，这方面比较常用的是 Adobe Photoshop，它可以对位图进行像素级修改，幻灯片中的部分图片需要经过它的处理。

在设计和制作演示文稿时，演示软件和位图处理软件是各司其职的，这也是制作一般梳理稿时使用最多的两个软件。如果只是用演示软件制作一些主要与数据相关的梳理稿，那么熟悉图表功能和形状功能就可以了，但是如果经常接触和使用图片，还是需要了解一下PS 中的一些基本功能，这样有助于提高演示文稿的质量。

制作梳理稿是以演示软件为主，位图处理软件为辅。制作演示文稿时，我们主要是使用一些工具对已有的图片做一个局部的修改或调整。比如用 Camera Raw 滤镜对图片进行调色，用钢笔或快速选择工具抠图（这两种抠图用得比较多）等等。

图 6.1 和图 6.2 在第 1 章已经出现过，这张幻灯片需要借助位图处理软件对人物的图片进行比较细致的处理，而图 6.3 中这个 icon①，是通过 Photoshop 粗略绘制的，借助位图软件从零开始生成图像，这个对大多数幻灯片制作者来说不是必须要掌握的，但能理解并运用 Photoshop 中的一些工具来对图像进行处理，对于演示文稿的制作是有很大帮助的。

图 6.1

图 6.2

图 6.3

① 电话的这个 icon 用 PowerPoint 中的形状工具也是能绘制的，不过可能麻烦一点。事实上，很多软件都能参与到演示文稿中的制作中来，比如产品发布会的演示文稿会用到 3D 建模软件，渲染效果图用的软件、视频剪辑处理软件等等，但对于其他情况下的大多数演示文稿来说，能很好地掌握演示软件的常用功能以及部分 PS 功能就足够了，关于 PS 操作不在书中展开介绍，读者有兴趣和需要的话，可以自行学习。

图片处理中的常见错误

一图既可以“胜千言”，也可以“毁所有”。如果图片内容不契合文稿内容，图片的形式上还出现了很明显的错误，这张图片就会毁了一张幻灯片。图片最常见的使用错误就是肆意拉伸。将图片拽入演示软件后，演示软件会识别尺寸，将其放到最大，这个时候只能进行等比例的缩小。压扁或拉长会让图像变形失真，而拉大后可能会出现马赛克，图示见图 6.4（a）和图 6.4（b）。

如图 6.4（c）所示，使用图片填充几何形状的时候，也要先将图片剪裁好，保证图片的高宽比和形状的高宽比是一致的，并且图片的大小要大于几何形状，这样才能得到较好的填充效果。如图 6.4（d）所示，在该使用保留透明信息的图片的时候，不要露出与背景不相容的“第二层背景”。这个时候如果找不到带有透明信息图片，就需要借助 Photoshop 进行抠图。

如图 6.4（e）所示，尽量不要使用带有无关水印的图片，如果避免不了可以考虑通过剪裁处理或者用 Photoshop 中的一些工具去掉水印。还有演示软件中的一些默认样式也不要乱用，比如图 6.4（f）中的金属椭圆用在这里就不协调。

上面提到的这些常见的错误做法都是很容易避免的，在制作演示文稿的时候，要保持清醒，不要出现一些明显的不恰当处理，如果对演示文稿中的一些样式不能很好地掌握，可以直接选择避免使用这些样式，而不是一个又一个不同的新的样式往元素上加。

(a)
Do
Do not
(b)
Do
Do not
(c)
Do
Do not
(d)
Do
Do not
(e)
Do
水印
Do not
(f)
Do
Do not

图 6.4

图片选取与使用原则

图片的选取与使用优先考虑内容和逻辑。在非正式场合，演示文稿中的一些有趣的图片可能会创造一些很好的笑点。但在一些正式场合，演示文稿上是不能乱用图片的。

很多幻灯片的制作者为了找到一张高清大图，会收藏很多的网站并下载一些专业摄影师精心处理的一些图片，甚至建立一个私藏的图片库，然后每张幻灯片都用一张不同的高清大图来做背景。说实话，这种做法有点舍本逐末的味道。首先它不满足和谐统一的原则，一般情况下幻灯片的背景使用是比较统一的，有时候区分几个背景也是为了区分开不同部分而且每部分又有比较多的内容。或者区分不同功能的页面，比如转折页和内容页的区分，这种做法在阅读文稿中见得比较多。演示稿一般都会一气呵成，统一背景的处理，其中会穿插一些全图页面，一般是传达情绪。

那不用不同的背景图片，使用同一张图片做背景可不可以？这个是可以的，但对这张图片是有要求的，图片不能对前景内容产生大的干扰，这意味着图片的色调要比较统一，图片上没有什么额外的干扰信息。这样一来，主要用的背景就只剩下纯色和渐变，最多再带一些若隐若现而且符合主题的元素，类似 PowerPoint 2016 中的 Office 背景主题处理。在演示文稿中使用全图作为背景的时候，主要把握两点：一是图片的内容要与幻灯片希望传达的信息相吻合，能准确地将感受传达给观众和阅读者。二是如果图片上还有其他元素，比如文本，不能对其产生较大干扰，参考图 6.5。

(a)

(b)

(c)

图 6.5

在图 6.5（b）中，图片背景很明显地干扰了前景中的文本信息。而图 6.5（c）所使用的背景图片和主题“THE FIGHT AGAINST GLOBAL POVERTY”相差十万八千里，事实是我们经常就是这么用的，比如将水墨、荷花、星空等元素放到商业报告中，这些做法和图 6.5（c）相比，也是半斤八两。

演示文稿中出现的元素，都有它存在的理由，尤其是图片，因为图片相比文本更容易吸引眼球。在看一张幻灯片的时候，会先直观地感受图片信息，然后再去阅读文本，有时候还不一定会阅读文本。我们在观察图表的时候也是一样的，我们会先看一些直观的趋势和数据比较信息，然后才可能会去看一些注释或者其他的说明文本，因为大脑处理图像图形信息的速度比文本要快太多。

获取与内容相关性强的图片关键在于搜索，除了利用 VPN 和 Google 进行英文搜索，还要注意搜索的关键词选择，比如之前在精简文本中“刻意练习”的例子，如果搜索关键词“Deliberate practice”，是难以获得理想图片的，而搜索更加具体一点的关键词，比如“ballet”或者“piano”，就比较容易获得满足要求的图片。包括站内的搜索也是一样的，可以多次使用不同关键词进行搜索。幻灯片中要找一张合适的用作全图背景的图片是需要花费一定时间的，其他的较小尺寸图片，比如人物、产品图片等等，一般都可以通过谷歌搜索来找，而且要尽可能找到最合适的图片，对清晰度、光线、色调、拍摄场景等等要素都要把控好（见图 6.6）。

图 6.6

全图页面的“留白”

留白，会让人想到国画。水墨氤氲，白鹭立雪，智者见白。这是明显的留白，但留白并非一定要是“白”。留白是要留出空间，留出韵味，突出焦点。

不仅仅是图片中才有留白，留白和对齐是一样的，在制作演示文稿时，我们将其作为一种具体操作方法，它同样要基于对比调和，对称均衡等原则。页边距、行距、段间距等等其实也都可以看做是适度留白，我们所给出的一些行间距，段间距设置参考值其实也是一个适度留白值。对于演示文稿中图片的选择和处理方法，用“留白”一词来形容再适合不过了。

全图页面中的留白可以是为文本留出空间，可以是为主体信息留出焦点，也可以是为页面留出呼吸感。包括其他图片，我们也会注重其是否“留白”，比如人物图片，我们希望其背景较单一，这样就没有太多干扰信息（如图 6.6（b））。

图 6.7~6.10 所示的几张幻灯片中，图 6.7 和图 6.8 中都有大面积的纯色，是很明显的留白，都为前景文本留出了空间。图 6.9 所示幻灯片的处理方法在形状章节提到过，半透明色块与图片的叠加能减弱图片的色彩对比效果，从而减少其对前景文本的干扰，而图 6.10 所示幻灯片是通过高斯模糊来减少图片对前景文本信息的干扰。后面两张幻灯片图片本身并没有大面积单色的留白，而是通过处理让其色调趋于相近和统一，从而加强了背景与前景的对比[①]。

① 一些有大面积色调趋于相近和统一的图片也可以直接用作幻灯片的背景图片，参考《我所有的向往》和《让每一个人都能享受科技的乐趣》这两张幻灯片。

图 6.7

图 6.8

图 6.9

图 6.10

图 6.10 所示幻灯片中，图片的高斯模糊在 PowerPoint 的艺术效果中叫做“虚化”。

基于网格系统处理图文

一些举例见图 6.11~图 6.14

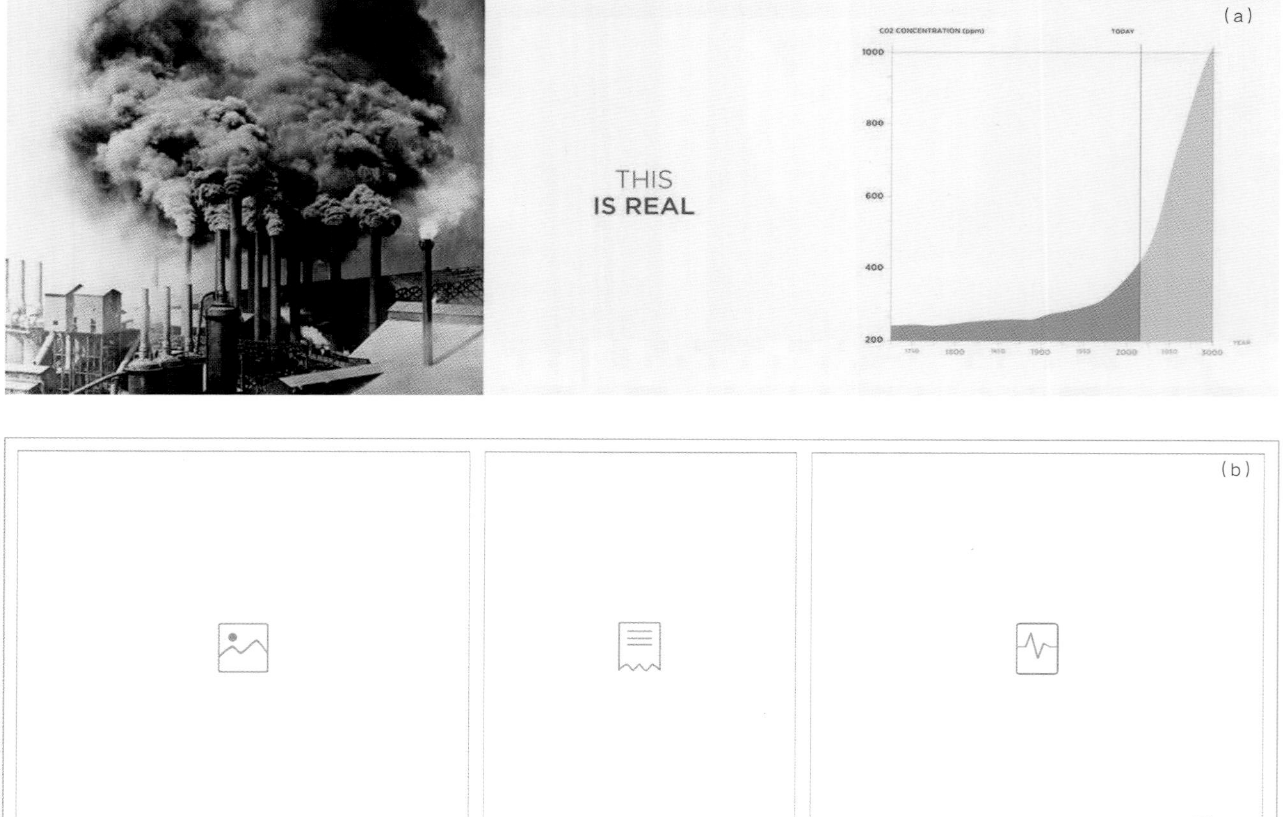

图 6.11

图 6.12

图文处理举例[1]

巴塞罗那椅 Barcelona Chair

设计师：Ludwig Mies van der Rohe（路德维希 · 密斯 · 凡德罗）

脆弱的结构，错误的材料，极度的沉重，锋利的边缘，失败的人机关系，占据空间——但它是设计史上的经典，是 80 年来销售最成功的椅子，为什么？

巴塞罗那椅的成功是因为其象征意义，它代表了现代主义，现代设计。这把椅子不仅仅进入了人们的日常生活，也进入了二十世纪的文化史。

图 6.13

① 基于网格系统处理图文部分是第 2 章中网格系统的延伸，这里通过一些举例来强化大家的记忆。

图文处理举例（见图 6.14）①

图 6.14

① 图 6.14 这张幻灯片内容参考 Seth Price，字体为 Gotham，注意这里文本的行距设置比经验值小许多。

图片的一致性处理

图片的一致性处理在第 1 章最后详细讨论过一次，那里处理的方法是基于图片的剪裁进行的，每一张图片与背景图层是分开的，这也是我们制作幻灯片时常用的图片一致性处理方法。

图片的一致性处理有两个层面：第一个层面是同一张幻灯片上的需要一致性处理的图片，比如处于并列关系的人物图片，参考第 1 章最后的举例；第二个层面是整个演示文稿中类似图片的一致性处理，同样要遵循和谐统一的原则。

图 6.15~图 6.17 中的举例与基于图片剪裁不同，这里是将前景图片与背景图层融合在一起，需要借助 PS 对图片进行调整，这里我们希望操作简单一点，在选图的时候，同样要注意选择背景单一的人物图片，这样有时可以略去复杂的抠图步骤，直接使用图层之间的一些叠加模式，就可以将我们需要的人物与背景融合。

比如图 6.15 和图 6.16 这两张黑色背景人物图片，我们可以主要根据明度区分出前景和背景，建立一个新的低明度渐变背景，然后用图层叠加模式中的“浅色”，就可以将图片的背景干扰“去掉”。此外，两张图片的颜色还要用到“Camera Raw”滤镜稍作调整。这是一个在某些情况下，能避免抠图的“偷懒”方法。解决前景和背景融合的问题后，还要调整版面的布局，版面的布局不能只单一地考虑图片，因为幻灯片上往往还有其他元素。制作幻灯片需要有“全局观”，要能在头脑里能浮现出幻灯片的大致效果。

图 6.15

图 6.16

图 6.17

图片的一致性处理举例（见图 6.18 和图 6.19）[①]

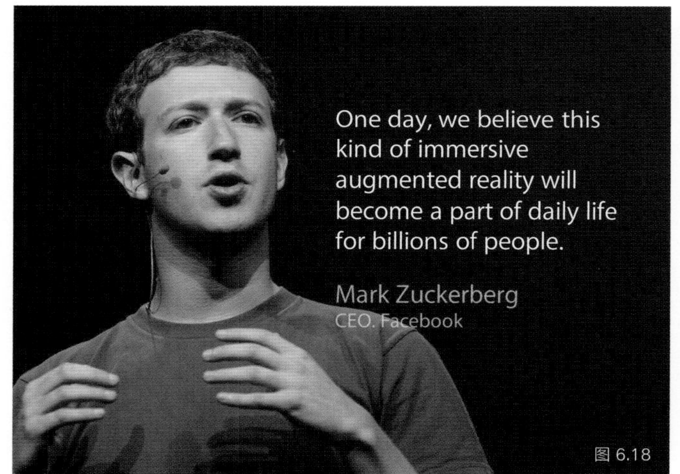

图 6.18

图 6.19

① 图 6.18 和图 6.19 所示幻灯片制作过程说明

a. 选图：通过谷歌搜索，两张人物图片都是在人物演讲或者类似交谈场合拍下的，与幻灯片内容相符；

b. 构图：要保证人物在画布上的大小比例和位置基本一致，而且一侧要有适当的“留白”区域从而给前景中的文本留出空间；

c. 颜色：用“浅色”模式叠加前景人物层与背景层，然后调整 Peter Thiel 这张照片的色彩，主要是色温、对比度等参数；

d. 文本：从位图软件中导出 PPI 为 96 的 PNG 格式文件作为幻灯片的背景层，然后再按照第 4 章的讨论添加文本层；

e. 文本：字体为 Myriad Set Pro，行距设置值为 1 倍，留出“段间距”并用透明度区分两种文本。

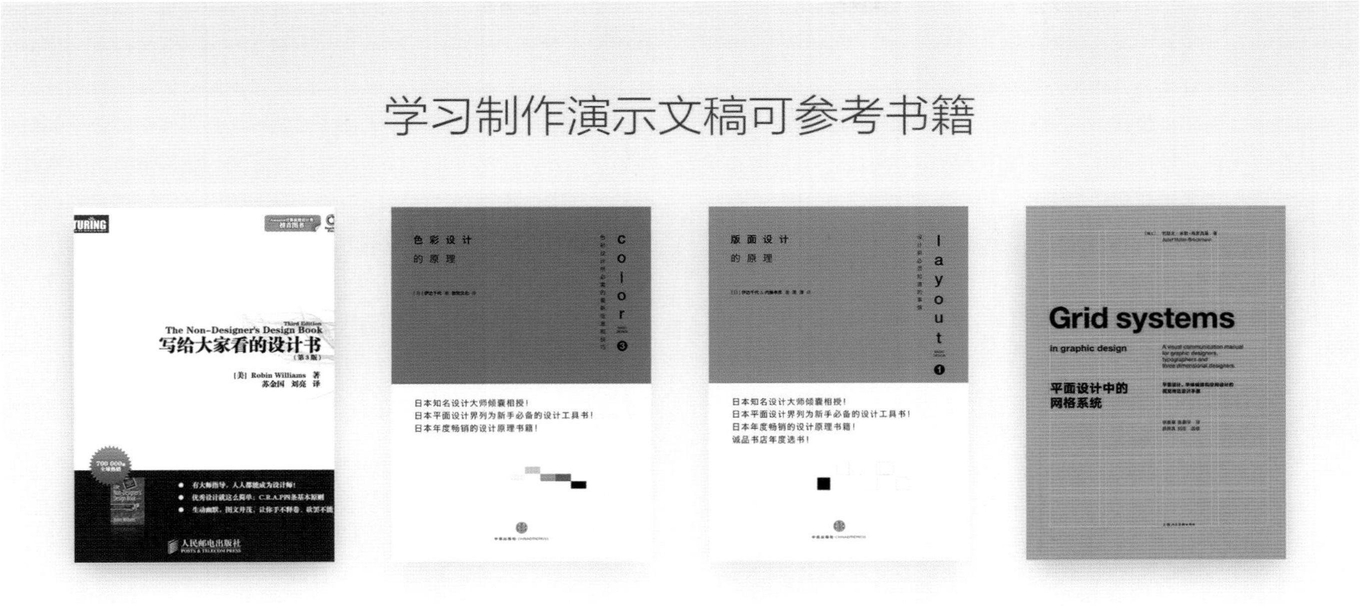

学习制作演示文稿可参考书籍

图 6.20

图 6.20 所示幻灯片中的图片搜索要讲究技巧，可以去亚马逊搜索商品书籍然后下载提供的封面原图；此处图片的一致性处理基于剪裁，为保持一致尺寸比例，书籍封面稍微有改动，但在这里并不构成影响，这里很明显是演示稿，如果换做阅读稿，可以对每本书再相应地补充一些信息。

图 6.21 所示幻灯片借鉴了《时间的朋友》中的相关内容，罗振宇在演讲中“演员”的角色是扮演得非常好的，不过我们讨论的还是这场演讲活动中“设计师”这个角色。整场演讲活动用到的幻灯片特别多，有不少值得借鉴的东西，也有些小地方可以优化，比如有几张图片的一致性不够，一些图片抠图不太细致，字体存在不统一的问题，背景也变化了很多次，而且这种变化不能让听众很快速地抓住明显的规律等等。

这场演讲的核心内容不是专业性的分析，而是输出和整合一些信息、表达观点、情绪等等。在这场演讲中，幻灯片仍然是非常重要的，演讲中使用了一块在产品发布会中都罕见的大主屏，四个小时的内容借助幻灯片能将条理呈现得更清晰，如果说罗振宇是整场演示“男主”，那他身后大屏上的幻灯片能算是唱对角戏的“女主”。关于背景色仍然要说一点，因为大演示屏每英寸显示的点比较少（PPI 比较小），所以点与点之间会有比电视更加明显的间隙，因为人眼在观察时存在最小分辨角[①]，当观察距离小于一定值时，会对视觉感受产生很不好的影响。而当观察距离超过一定值，我们就分辨不出前面的巨大图像其实就是一个有组织的点阵。

不过这里存在一个拍摄问题，当机位与屏幕距离较近，就能明显看到一个一个的像素点，而这个问题可以通过使用低明度背景色解决很大一部分，因为像素点之间间隙的颜色也是低明度，这样一来，当机位靠近演说人的时候，拍摄时不会出现明显的“噪点”。

另外一点是关于演讲幻灯片中的人物图片使用，整场演讲中用得最多的就是人物图片、两句话、或者人物图片+两句话，处理的方法与图 6.21 所示幻灯片类似，整场演讲图片处理比较统一。宽屏中人物图片采用这种放大人物脸部的版面布局能造成较强的视觉冲击力，人物脸部是非常容易吸引人注意的，比满屏西装加抱臂来得更有味道。不过文本的对比构建，我会优先考虑保持对齐转而主要使用粗细和颜色对比，演讲中主要是使用的大小对比，这其中也存在个人偏好的问题。图 6.22 所示的幻灯片进行了抠图处理，两张幻灯片之间图片的一致性处理是妥协的结果。

---

① 最小分辨角：光学中的概念，指人眼在观察两个距离确定的光斑的时候，对应有一个最小分辨距离，这意味着当屏幕的 PPI 越小，适宜人们观察的距离越大，所以手机，电脑，电视，大的投影屏幕的 PPI 是不同的。

“最适合创业的人
是聪明、年轻、贫穷的人
保罗 · 格雷厄姆 | 著名程序员、风险投资家

图 6.21

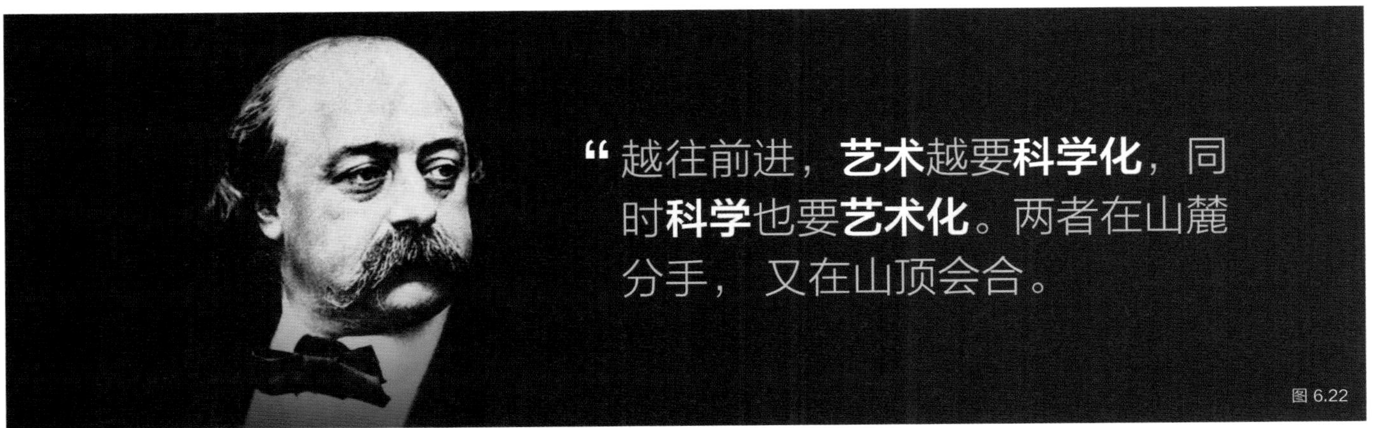
“越往前进，艺术越要科学化，同
时科学也要艺术化。两者在山麓
分手，又在山顶会合。

图 6.22

如何搜索图片

对演示文稿制作有一定接触的读者，可能都收藏了很多的图片网站，比如 Pixbay、Unsplash、PIXELS 等等，网络上的很多信息都能提供很多类似的网站，让我们产生从此不怕找不到图的错觉，然而在使用过很多类似的网站之后，会发现这些网站“同质化”现象比较严重，有必要优化一下寻找图片的思路。

首先我们需要将图片分类。第一种是内容型图片，比如演说中提到的某个人物的图片，比如书的封面图片、产品的图片等等，这类图片往往为了匹配幻灯片上的具体内容，在幻灯片中往往是作为配图出现，占据幻灯片的面积不是很大；第二类图片是主题型图片，这类图片往往是与主题、氛围、情绪，某一个比较抽象的关键词等因素有关系，在幻灯片中往往作为全图背景出现。这两种图片搜索的思路是不大一样的。

内容型图片一般会优先考虑通过搜索引擎搜索，比如借助“谷歌图片”中英文结合搜索。谷歌搜索图片还有其他用法，比如以图搜图，用 Google chrome 浏览网页中的图片，在图片上右击，然后在快捷菜单中找到选项“在 Google 中搜索此图片”，选择此选项，Chrome 会在新的页面中寻找和此图一样或相似的图片，你还可以限定图片的尺寸大小、颜色等等。如果是电脑保存的小尺寸图片，也可以通过上传图片来搜索，在图片搜索框的右侧有一个“相机”的图标，点击那里上传本地的图片即可，用 Chrome 以图搜图找到更高清的图片成功率是比较高的。

也会存在一些特殊的情况，可以直接锁定其他方法，比如电影相关图片可以去豆瓣，书籍封面可以去亚马逊，产品图片可以去相应品牌的官方网站等等。选择一张好的配图的难度比一张合适的主题图片要低，关键在于要尽可能将能检索到的图片都能过一遍，然后来选择合适的图片并加以剪裁、调色等处理。

主题图片搜索的难度一般会比内容型图片大很多，首先主题图片对分辨率有硬性要求，更重要的是主题图片往往不是具象的，而是抽象的，比如“我所有的向往”，用什么来表现向往呢？

搜索主题图片可以借助一个摄影网站——500px，这个网站很多人都知道但就是没试过，可能是因为加载比较慢，而且图片下载较麻烦。这个网站上的图片无论是从数量还是质量上都能碾压前面提到的几个网站，站内的搜索技术也比较好。但这些图片是有版权限制的，这意味着我们使用这些图片的场合也是有限制的，在小型的分享交流性质的 Pre 中使用基本上是没有问题的。

搜索时注意一些技巧，比如搜索“tea”，符合意境的图片比较少，可以再加一个关键词，搜索“Chinese tea”，就能缩小范围。有时候关键词太多，又要减小范围或者转换其他思路，比如之前提到的“刻意练习”的例子。搜索关键词“Deliberate practice”是难以获得理想图片的，而搜索更加具体的关键词，像“ballet”或者是“piano”，就比较容易获得满足要求的图片。

Google

500px

shutterstock

pixabay

Unsplash

PEXELS

搜索图片还可以借助另一个网站——shutterstock。这个网站对于寻常的演示文稿制作没有什么用处，因为这是一个收费网站，一般只有特别重要的演示文稿会使用其中的图片，这个网站提供的图片范围比 500px 还要广，质量也普遍很高，这个网站既有内容型图片，也有主题型图片，而 500px 的内容型图片比较少。

至于其他网站，像 PEXELS、Pixabay 这些网站，你可以找到较为宽泛，主题不是很明确的图片，比如像星空、城市这种，而当你要找比较具体的有主题的图片，比如 gene（基因），它们就不知所措了，网页上出现链接指向 shutterstock，这其实也可以反应这些网站其实并不是非常专业，只是收集了一些高清的壁纸而已，当然，这些网站当做备用是完全可以的，有时候也能找到一两张比较符合的图片，不过使用的优先级要低于谷歌图片和 500px。

演示文稿中要插入一幅合适美观的图片实在是一件不那么容易的事情，按照时间来算，一幅话题比较常见的内容型图片可能要找 10 来分钟，而一张主题非常抽象的图片可能要找一个多小时，有时可能还找不到。所以，一个演示文稿，如果全部使用高清大图做背景，要么就是精心制作，要么就是全靠图片“秀”一下而已，除此之外，在内容上和形式上可能都很敷衍。除了搜索图片，还有一个方法是针对性拍摄并修图，然后用到演示文稿中，这种图片可以视为“第三类图片”，既是内容型，也是主题型，这种图片在大型演示中使用比较多，平常难以搜索到这种“第三类图片”。

首先在网站中找到你想要的图片，进入图片预览页面，图片右侧会显示摄影师本人信息，此时你在图片区域右击会提示版权限制，借助一些插件也可以下载这张图片，但是插件还不如下面这个方法准确方便。找到目标图片后，在右侧找一个空白区域右击，如图 6.23（a）所示，在快捷菜单中选择“检查”命令，这是第一步。

单击“检查”命令之后，视图中会出现很多代码，这个时候不用担心着急，并不是出 bug 了，恰好相反，我们要从这堆密密麻麻的东西中找到我们想要的图片。如图 6.23（b）所示，在这些代码中，我们要找这样一个蓝色的词——“photo_container”，如果找到了，就在这个词对应行的前面小三角上点一下，会发现小三角改变方向，这个意思我就不多解释了。如果翻了很多代码也找不到“photo_container”怎么办，此处返回第一步，选择另一个空白处继续执行“检查”，一般情况下，检查一两次就能找到，如果出现了“死循环”，可能是 500px 网站有变动，这样的话，读者就需要另觅他法了。

（a）

（b）

图 6.23

小三角展开后，会出现一个链接，将鼠标悬停在链接上，你会发现出现了一个小图，这个小图就是你想要的图片的缩览图。太小了怎么办？继续在链接上单击，然后在下拉菜单中选择“open link in new web”（在新的页面中打开此链接）命令，然后在新的网页中就出现了高清的图片，再按照平常的方法下载即可。

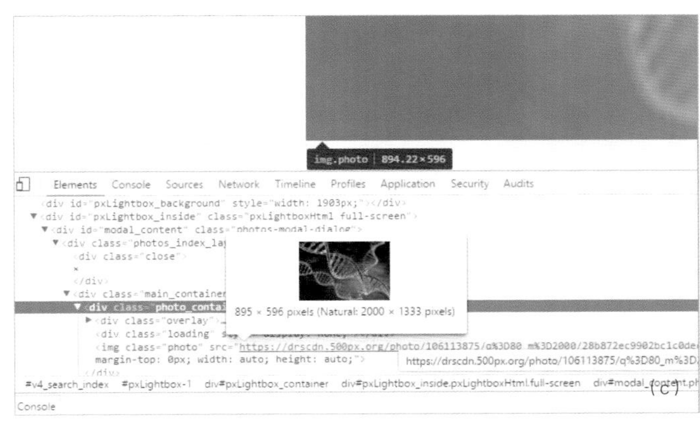

（c）

图 6.23（续）

7 关于幻灯片的其他建议

避免花哨和堆砌

图 7.1 所示幻灯片中素材堆砌感很明显（星球图片来源于Behance），除了数字“8”符合，完全是无关元素。

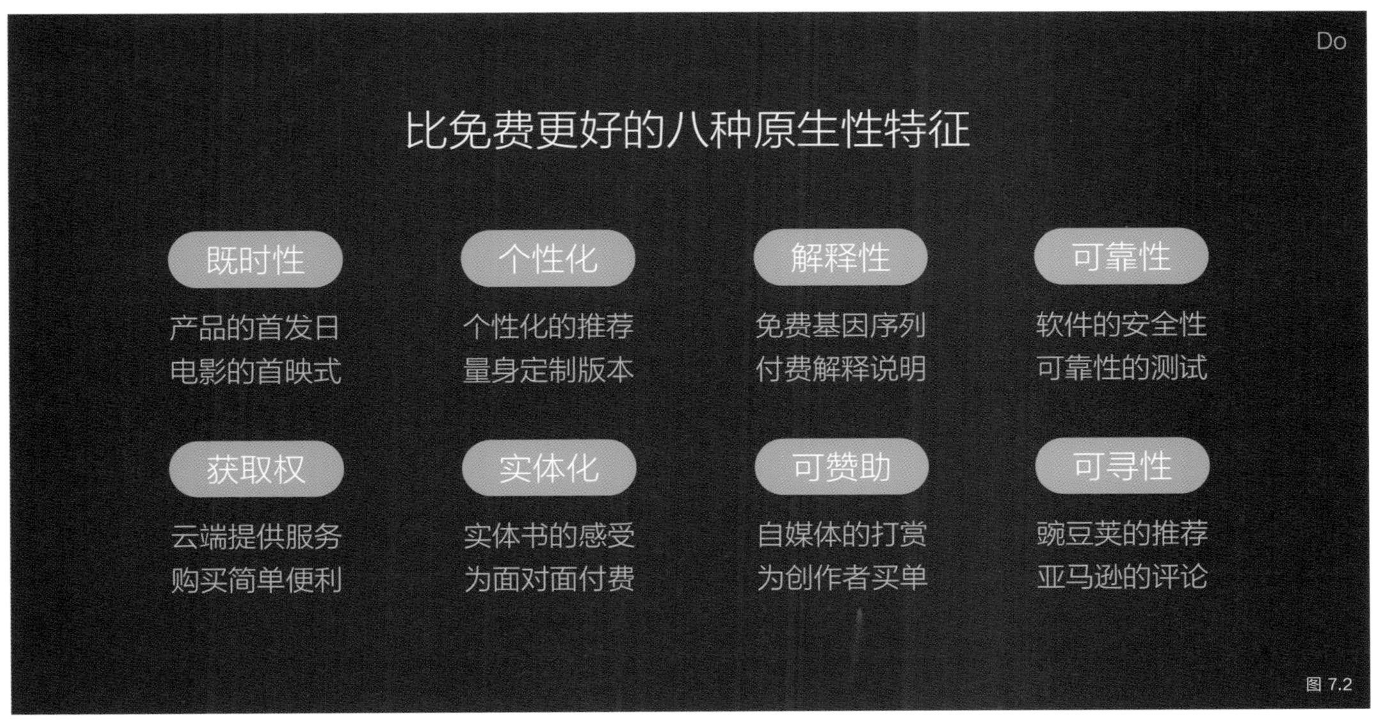

图 7.2

图 7.2 中的内容参考了凯文凯利的《必然》，这张幻灯片接近梳理稿，其中有一定的解释说明。

避免简单的问题复杂化

不同人对于图 7.3 可能有不同想法，有人觉得将温度计与图表结合起来应该是不错的创意，于是挽起袖子就开始在演示软件上操作，但有些问题可能没想清楚。

温度计是一个计量工具，它的确与数据相关。但我们对于温度计是有“固有印象”的，我们认为它的出现必定与温度相关，而如果你将其利用在其他场合，比如车流量的变化，这里就有一个转换的过程，观众需要把温度先抛开，然后来接受你对这个事物的重新定义和使用，然而这本来是完全没有必要的。再者温度计本身只是在有限范围内测读数，这容易让人理解成占比分析，这里又可能会带来误解。这些都增加了人们接受信息的“不必要成本”，典型的将简单的问题复杂化，这是不合适的。

在演示文稿中，像这样的用温度计来表示数据的情况几乎不可能用到，即便是要表示一两个温度数值，直接用一两个强调的数据似乎更直接；而如果要表示一系列温度，可以选择图表。

我们在制作幻灯片的时候，要时刻为观众和阅读者着想，幻灯片是用来向他们传达信息的。就像罗伯特·麦基在《故事》中所谈到的，“切忌将猎奇误以为是独创，为了不同而去不同。”演示同样如此。好的幻灯片和演示往往是将复杂的问题简单化，将专业的事物通俗化，将晦涩的事物故事化，而不是去追求形式的新奇。这能吸引你的观众和阅读者，也是对他们的尊重。

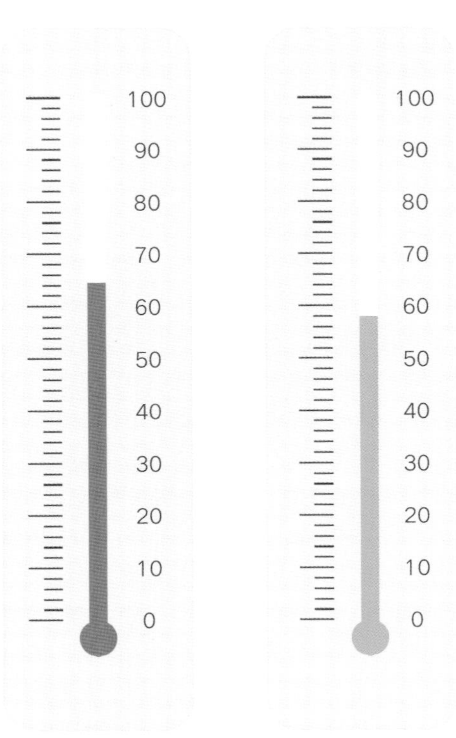

Do not

(a)

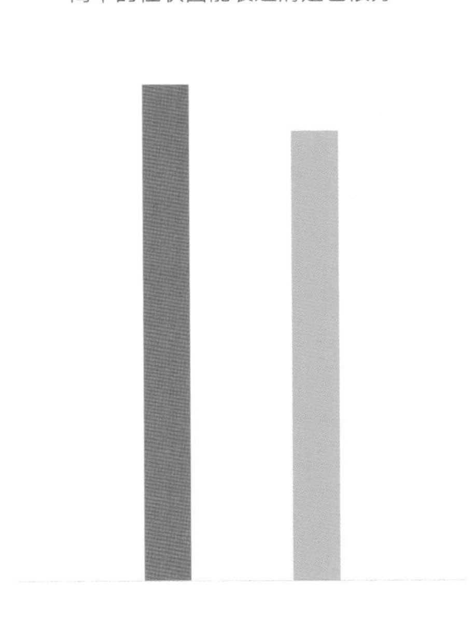

Do

(b)

图 7.3

常见的可视化处理

不少幻灯片制作者对“可视化”这个词并不陌生，很多制作者可能还知道数据可视化、科学可视化、知识可视化等等，而问题在于我们经常念叨着它却在具体实施起来的时候又忘记了它。维基百科上对“可视化”给出的解释是：“可视化是指用于创建图形、图像或动画，以便交流沟通讯息的任何技术和方法。”从这样一个解释可见“可视化”的范畴是非常广的，对于幻灯片而言，几乎每一页都会有它的影子。此处讨论幻灯片中常见的可视化处理，包括“文案图像化、场景化”“数据图表化”和“知识图形化”，这几点完全可以看做是“可视化”的几个具体操作方法。

在讨论可视化之前，先要说说“内容条理化、系统化”，它对整个演示文稿的框架和每一张幻灯片都有要求，是演示文稿制作过程中“可视化”的基础。内容条理化和系统化包括两个方面：一是整个演示文稿的逻辑架构，这与“编剧”的角色联系紧密。对于一般的梳理稿，我们通常会将“编剧”和“设计师”这两个角色集于一身，书中的版面布局、色彩、文本、图表和图片这几个章节都是针对“设计师”这个角色展开的， 而对于“编剧”这个角色，最基本的要求就是要有清晰的条理与逻辑。比如我拿到这本书的约稿合同后，担任“编剧”和“设计师”这两个角色，我首先要做的就是整理构思整本书的逻辑架构，而不是打开电脑就开始码字。除了清晰的条理和逻辑，“编剧”还需要有足够多的知识（或信息）储备，至少在某一个小的领域如此，否则，幻灯片容易内容空洞，“编剧”这个角色会直接影响到“设计师”和“演员”。

内容条理化的第二点则更多地与“设计师”这个角色相关，即单张幻灯片上信息和内容的条理化，这在演示稿中要求低一点，因为演示稿中很少的内容意味着少有多个要素之间的复杂关系，而梳理稿中就经常会处理这样的关系，比如内容存在优先级的关系，同级别中存在并列或递进等关系等等。这种条理体现在视觉上一定是有计划的、有组织的、有秩序的。

在内容条理化的基础上再来讨论“可视化”。后面讨论了“文案图像化、场景化”“数据图表化”和“知识图形化”这三点常见的可视化处理。但是要注意这三点其实不是“硬性”的，主要是给大家提供一个方向，比如“数据图表化”并不是说数据只能做成图表或者表格，而是数据经常会被处理成图表。而在一些其他的具体情况下，我们也可以选择其他更合适的做法，比如要呈现地域分布信息，我们会借助地图，有一些数据需要更直观呈现，我们也可以使用图像化和场景化的方法。比如乔布斯发布 MacBook Air 的时候，是从一个档案袋中拿出来的，以示轻薄，当时的标题也很简洁，只有 30 个字符——“The world's thinnest notebook.”而雷军在发布小布笔记本 Air 时，使用了一张用来形容笔记本轻薄的幻灯片——《比一分钱硬币还要薄》，幻灯片上使用硬币来和笔记本作比较，非常形象直观，相比“仅有**毫米厚”更便于观众理解和接受。再比如， Tim Urban 在 TED 演讲《你有拖延症吗？》中将拖延症患者头脑的“运行机制”形象地描绘为三个手绘卡通角色之间的“博弈”——理性的决策者、及时行乐的猴子和惊慌怪兽……

包括“知识图形化”也是如此，有时也可能会需要借助图像来呈现，比如在《难以忽视的真相》中就有类似的处理，洋流、大气保温效应等等现象都借助了图形和图像来呈现，这些其实都是“可视化”的范畴。关于“文案图像化、场景化”这一点，一定要注意不要整个演示文稿中，不管幻灯片上是什么信息，每一张幻灯片都配一张高清大图做背景，这样容易让人感觉“无病呻吟”。全是观点大概就是没有观点，全部强调大概就是没有强调，全是情怀大概就是满篇废话。运用“文案图像化、场景化”的一个很好的例子就是TED 上《贫穷的真正根源》这个演讲，演示文稿的设计与制作由 Duarte 公司完成。三张运用全图的幻灯片都是在演讲进行到“动情深处”时呼之欲出，很好地起到了传递演说者情绪的作用。

另外要说明的是，“可视化”并不局限于这里提到的几种常见做法，其他的信息，也要优先考虑使用更直观、更易懂的呈现方式。比如“包装决定消费决策”中出现的“包装”这个概念其实不是指产品的外层盒子和袋子什么的，而是指一个产品通过各种因素（包括设计与工艺、营销与推广、品牌与风格等等）给顾客造成对这件产品的第一印象。解释这样一个概念可以从广为人知的品牌或者产品着手，然后用讲故事的方式来发掘背后的设计、营销、风格等等因素，由此引出“包装”，这种“故事化”的例子可以参考《一块钢板的艺术之旅》，当然，这个例子本身就是在“包装”产品。可视化的范畴很大，这里提供给读者一个引子，并且强化记忆，在处理文案、数据等元素时，能马上想到场景化，图表化等。

文案图像化、场景化（见图 7.4）[①]

图 7.4

① 这里的“文案”主要是指演示文稿中的一些简短而关键的句子；可能与“情怀”有关，比如“我所有的向往”；比如“我不是为了输赢，我就是认真”（见图 7.5），也可能与观点有关，比如关于“刻意练习”的举例等等。

图 7.5

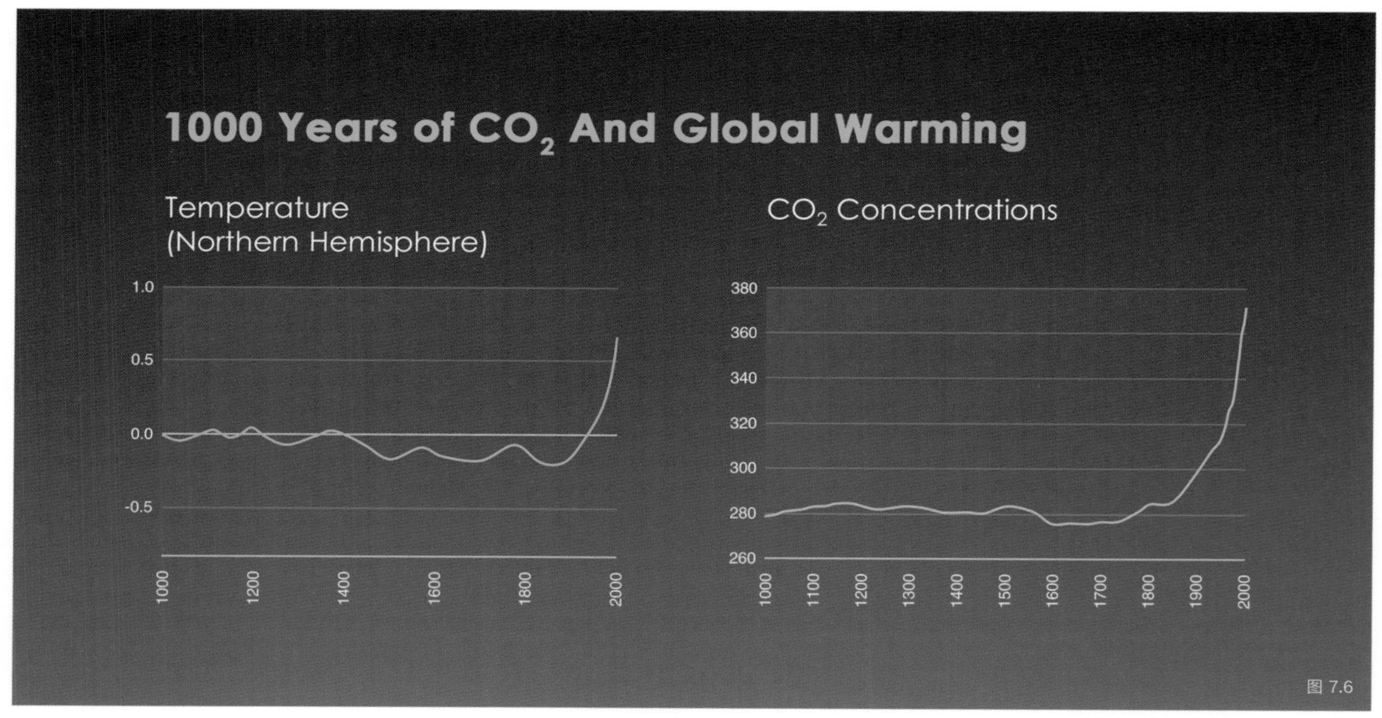

图 7.6

图 7.6 所示幻灯片的内容来源于《难以忽视的真相》，此处对图表是否体现全球变暖与二氧化碳浓度变化的相关性不做讨论；幻灯片中一级标题和二级标题字体为 Century Gothic，标注文本为 Helvetica。

知识图形化（见图 7.7）

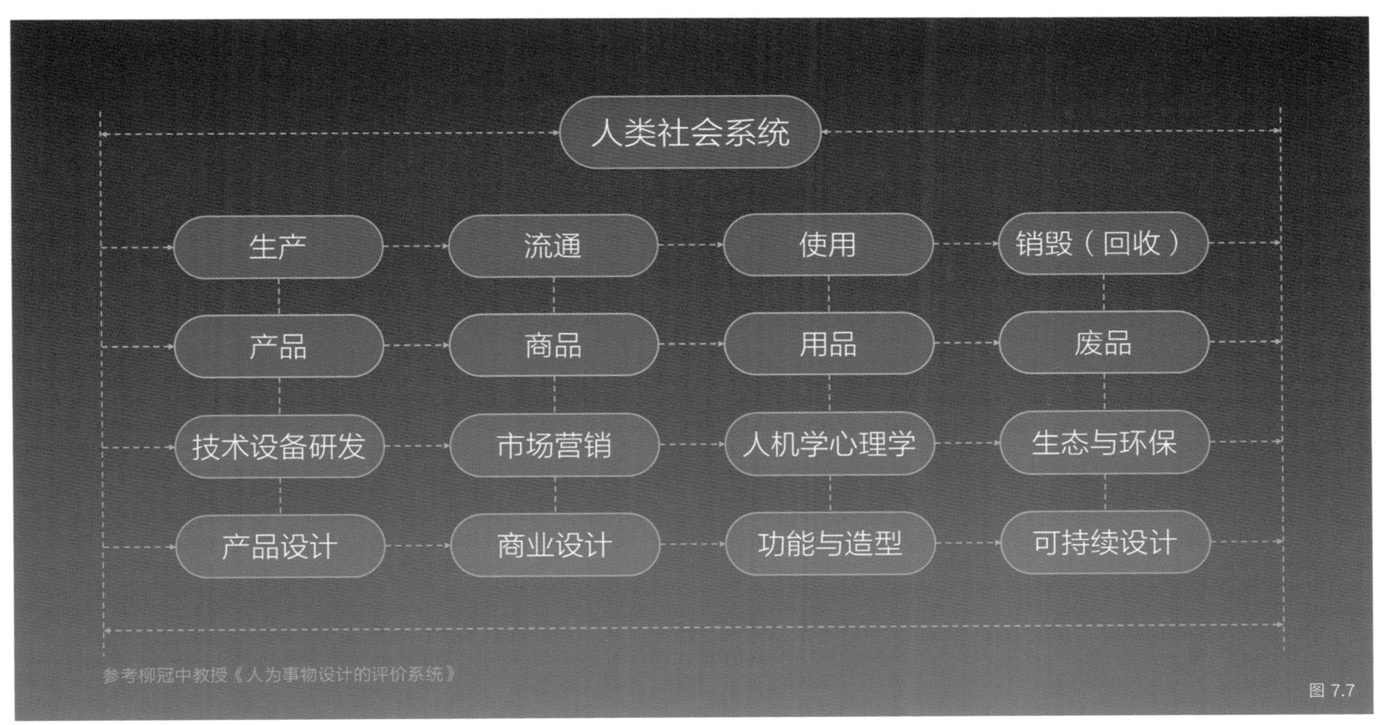

图 7.7

知识可以是指一些较复杂的内容框架，比如“马斯洛需求层次理论”，小的框架比如“what、why、how”的图形化就比较弱；也可以是专业性较强的“知识”，比如“洋流”“SWOT 分析”等等。

再一次认识幻灯片

相信有不少人看过两部纪录片（《难以忽视的真相》和《穹顶之下》）中的至少一部，这两部纪录片中的演示稿制作都是非常棒的。两部纪录片中有很多东西非常相似，因为《穹顶之下》的很多细节都参考了《难以忽视的真相》，比如呈现地图上分布信息的圆点、曲线图出现的动画等等。如果你专注于这两个纪录片中所使用的幻灯片，将其再观看一遍，并能将书中的一些内容和演讲的幻灯片结合起来，相信你对于幻灯片的看法和认识会进一步提升。

视频观看：《难以忽视的真相》可以在网易公开课中免费观看，《穹顶之下》需要借助 VPN 在 YouTube 上观看，下载需要借助其他软件或网站。

难以忽视的真相
An Inconvenient Truth（2006）

讲者：阿尔·戈尔

设计：Duarte 公司（顶级演示设计机构）等

内容：全球气候变暖问题

评价：被评为第 79 届奥斯卡最佳纪录长片

穹顶之下（2015）

讲者：柴静

设计：罗子雄，许岑等

内容：雾霾调查

评价：豆瓣上有超过 5 万人评价，评分达 9.2

形成自己的习惯用法

这本书中给出了很多举例，部分举例相差很大。事实上，如果举例使用相同的规范（采用统一的色调、字体等等），可以让整书更加和谐统一。但这样存在一个很大的缺点，容易限制读者的思路。所以我并没有采用同一套规范来处理，不过从中仍然能看出一些做法带有强烈的个人特色。

幻灯片的常见元素，比如颜色、文本、形状、图表、图片、包括动画都能形成自己的习惯用法，这个词在书中也多次出现过。对于绝大多数幻灯片制作者而言，能自己在头脑里形成一套详细的制作规范，不仅仅是色彩方案和字体种类，更要细致到表格网格线条什么时候用 0.75 磅，什么时候用 1 磅？形状的透明度什么时候用 60% ，什么时候又要用 80%？折线图或者其他图表的网格线用多少条比较合适？一致性处理图片时剪裁成 4：3 还是 5：3 ？优先使用字体大小对比还是粗细对比？多大字号对应多大行间距？页边距控制在大约多少厘米比较合适……

形成自己的习惯用法有很多的好处，最大的好处就是能优质而又快速地完成演示文稿的制作。而这也是我们在使用一个大众化工具时较为理想的状态，对于特定的场合、用途和主题，可以在自己的习惯用法的基础上做出改变。还有一些习惯用法能彰显个人特色，比如陈楠老师的幻灯片首页和转折页往往会使用红色作为背景，并且使用文本的方向对比，极具个人特色。能够形成自己的习惯用法就懂得了构建规范和秩序的重要性，两者会贯穿整个演示文稿。

后记

演示文稿提供了很多的可能性，能多次使用，易于修改，便于传播，具有很多的优点。但它也有局限性，比如有一定的使用门槛，会使用演示软件与做出合适的演示文稿完全是两码事，对前期制作的时间成本要求也比较大。也有一些人不喜欢幻灯片，认为这是浪费时间，他们更愿意阅读、写作或者脱口而出……

不可否认的是，信息呈现的方式有很多，而且越来越多，其中的科技含量也越来越大，以后的演示甚至可能从二维的平面变成三维的空间，交互的方式也可能发生很大的改变。但不管怎么样，就目前来说，制作一份优秀的演示文稿仍然具有重要意义。在全新的工具出现之前，它仍然是一个能实现信息交流传递的常用的、方便的工具，而且它要求大多数使用者能同时胜任至少两个角色，这确实不是一件简单的事情。

本书将一些基本的原则，方法引入到幻灯片，帮助读者扮演好演示中“设计师”这一角色。并给出了很多针对性的举例，幻灯片说到底仍然离不开操作演示软件，建议在幻灯片制作方面犯难的读者选取书中的部分案例，进行“复制”，模仿还不够，一些看似容易的东西，只有亲身经历一遍，才能有更深的感悟。“复制”的同时消化这些方法，然后迁移运用到其他幻灯片中。相信这能帮助你完成更优秀的演示文稿。

参考资料

约瑟夫·米勒-布罗克曼. 平面设计中的网格系统. 徐宸熹，张鹏宇 译. 上海：上海人民美术出版社. 2016

罗宾·威廉姆斯. 写给大家看的设计书. 苏金国，刘亮 译. 北京：人民邮电出版社. 2009

伊达千代 内藤孝彦. 版式设计的原理. 周淳 译. 北京：中信出版社. 2011

伊达千代. 色彩设计的原理. 悦知文化 译. 北京：中信出版社. 2011

南希·杜瓦特. 演说：用幻灯片征服全世界. 汪庭祥 译. 北京：电子工业出版社. 2012

Susan M. Weinschenk. 设计师要懂心理学. 徐佳，马迪，余盈亿 译. 北京：人民邮电出版社. 2013

许岑. 征服世界的美学暴力_“电影级”幻灯片设计方法论. 北京：电子工业出版社. 2016

卡迈恩·加洛. 乔布斯的魔力演讲. 葛志福 译. 北京：中信出版社. 2015

金伯利·伊拉姆. 设计几何学：关于比例与构成的研究. 李乐山 译. 北京：中国水利水电出版社. 2003

威廉·立德威尔，克里蒂娜·霍顿，吉尔·巴特勒. 通用设计法则. 朱占星. 薛江 译. 北京：中央编译出版社. 2013

Mary Meeker. KPCB. Internet Trends 2016-Code Conference. 2016 年互联网趋势报告. 2016

John Maeda. KPCB. DesignInTech Report. 科技中的设计 2016. 2016

柴静. 穹顶之下_深度雾霾调查. 2015

阿尔·戈尔. Al Gore. 难以忽视的真相 An Inconvenient Truth. 2006

Gary Haugen. TED. 贫穷的真正根源 The Hidden Reason for Poverty The World Needs to Address Now. 2015

Tim Urban. TED. 你有拖延症吗？Inside The Mind of a Master Procrastinator. 2016

Travis Kalanick. TED. Uber's plan to get more people into fewer cars. 优步的故事. 2016

史蒂夫·乔布斯. Steve Jobs. 2007 年乔布斯发布 iPhone. 2007 iPhone Presentation. 2007

Apple Keynote 21st March 2016. 苹果公司 2016 年春季发布会. 2016

Apple Keynote September 2015. 苹果公司 2015 年秋季发布会. 2015

罗振宇. 跨年演讲. 时间的朋友. 2015

Elon Musk Debuts the Tesla Powerwall. 伊隆·马斯克发布 Powerwall. 2015

罗永浩. 锤子智能手机操作系统发布会. 2013

雷军. 小米 Note 发布会. 2015

蔡振原，现就读于清华大学，因所在院系及专业原因既学工科课程，也修设计课程，这种多学科影响下的思维在书中也有体现——将幻灯片理性逻辑的一面和视觉化的一面结合得非常紧密，并且将幻灯片的制作解构成一个有秩序的，甚至是可量化的过程，帮助读者来更好地认识和理解幻灯片。

混迹于知乎，微信等平台，在幻灯片制作上有上千个小时的经验，也因此积累了一定关注度。受多个出版社邀请写书稿时，有一点惶恐，最终还是决定下来用最大的诚意与离得最近的清华大学出版社合作，将这上千个小时的经验中最核心的东西剥离出来并系统化，再用了上千小时来撰写文字，参考文献和资料，制作配图，设计版式，多方沟通……最终呈现出你手中正拿着的这本《PPT 设计之道》。

左侧的二维码是个人微信公众号，主要是和几万用户一起聊一聊幻灯片，如果你有兴趣，欢迎关注。再者如果你有任何疑问、见解或者建议批评，欢迎给我发邮件。

邮箱：betterslide@163.com